煤矿采掘工作面多场联合探测技术及突水灾害源预报研究

占文锋　武玉梁　刘建军　等　著

U0263282

科 学 出 版 社

北 京

内 容 简 介

本书以煤矿采掘工作面突水灾害预测预报为研究背景，综合运用理论分析、数值模拟、室内实验和现场测试相结合的方法，系统分析不同类型异常体的电场、电磁场、地震波场响应特征，进而合理设计和改进观测装置及参数以达到最佳探测效果。从探测对象、探测位置、探测深度和场源特征四维角度，分类论述常见煤田物探方法的适用条件及解决的地质问题，建立煤田综合物探技术体系，形成高精度、全方位的立体探测技术方法，达到隐蔽致灾源的高精度、精细化探测。

本书可供大中专院校地球物理专业师生、科研单位相关专业人员、矿井地球物理勘探技术人员、矿井地质工作者及相关人员参考。

图书在版编目(CIP)数据

煤矿采掘工作面多场联合探测技术及突水灾害源预报研究 / 占文锋等著.
— 北京：科学出版社，2019.6
ISBN 978-7-03-061472-8

Ⅰ.①煤… Ⅱ.①占… Ⅲ.①综采工作面—矿井突水—预报—研究
Ⅳ.①TD742

中国版本图书馆 CIP 数据核字（2019）第 113110 号

责任编辑：莫永国 刘莉莉 / 责任校对：彭 映
责任印制：罗 科 / 封面设计：墨创文化

科学出版社 出版
北京东黄城根北街16号
邮政编码：100717
http://www.sciencep.com

四川煤田地质制图印刷厂印刷
科学出版社发行 各地新华书店经销

*

2019 年 6 月第 一 版 开本：B5（720×1000）
2019 年 6 月第一次印刷 印张：13.5 插页：10
字数：290 000
定价：109.00 元
（如有印装质量问题，我社负责调换）

前　　言

　　煤炭是我国的主要能源之一，而我国的煤田地质条件十分复杂，常发育如断层、岩溶、陷落柱等各种类型的地质异常体，破坏煤系地层的连续性，影响井巷围岩的稳定性，进而形成良好的导水通道或瓦斯富集场所，极易造成矿井突发事故的发生，对煤矿安全生产构成极大的威胁。近年来，随着开采深度的不断增加，矿井地质及水文条件日趋复杂，由于深部矿井致灾机理不明，容易发生突（涌）水、塌方、煤与瓦斯突出等地质灾害，严重制约煤矿生产安全。其中，矿井突（涌）水灾害一直是困扰和威胁我国煤矿安全生产的突出问题之一，物探技术因其快速、经济、方便的特点，在煤炭资源勘查及隐蔽致灾隐患探查方面应用越来越广。研究和应用地球物理探测技术，及时准确地预测预报矿井隐伏含、导水构造，对于煤矿的防治水工作与安全生产具有十分重要的现实意义。

　　煤田地球物理勘探方法较多。对于不同物探方法而言，每一种物探方法都有其自身的特点，也分别存在各自的应用前提和条件，各方法探测对象不同，探测深度不同，影响因素也不相同，尤其在复杂地质条件下，单一物探方法往往会造成探测结果的多解性，要达到准确预报难度很大。因此，综合采用多种物探手段在地面或井下开展工作是煤田地球物理勘探的首选。当采用不同物探方法进行综合探测时，根据异常体引起的电场、电磁场、地震波场或地温场等的差异变化，利用同源异场聚焦作用，定性与定量相结合，取长补短，可有效消除单一物探方法的多解性，提高探测精度。而详细研究各类型异常体在不同物理场激励条件下的响应特征，对构建煤田综合物探方法体系具有重要的指导意义。

　　本书以矿井突水灾害预测预报为研究背景，综合运用理论分析、数值模拟、室内实验和现场测试相结合的方法，系统分析不同类型异常体的电场、电磁场、地震波场响应特征，进而合理设计和改进观测装置及参数以达到最佳探测效果。从探测对象、探测位置、探测深度和场源特征四维角度，分类论述常见煤田物探方法的适用条件及解决的地质问题，建立煤田综合物探技术体系，形成高精度、全方位的立体探测技术方法，达到隐蔽致灾源的高精度、精细化探测。

　　本书第1章简要介绍煤田地球物理勘探研究进展、主要研究内容及解决的关键技术问题。第2章运用数值模拟分析全空间条件下巷道空腔、采空区及含水断层的电场分布特征，并指导工程实践分析。第3章综合运用数值模拟、物理模拟及现场试验，详细讨论高、低阻异常体在高密度电法不同装置下的响应特征。第

4 章分析高、低阻异常体在瞬变电磁法共轴装置和共面装置条件下的响应特征,并讨论关断时间对探测结果的影响。第 5 章运用有限单元法模拟断层、陷落柱、采空区在可控源大地电磁激励下的响应特征,并将模拟结果指导探测结果分析。第 6 章模拟采空区、断层的探地雷达波场特征,并用于指导巷道围岩危险性探测。第 7 章模拟多煤层条件下采空区、断层的地震波场特征,并用于指导石屏一矿地震资料解释。第 8 章详细讨论常见煤田地球物理勘探方法的适用条件和范围,从探测对象、探测位置、探测深度和场源特征四维角度,建立煤田综合物探技术体系,并分别引用地面、采掘工作面、巷道掘进迎头三个综合物探实例,详细论证该方法体系的有效性。

全书共分 8 章。第 1 章由占文锋撰写;第 2 章由占文锋、武玉梁、刘建军撰写;第 3 章由武玉梁、刘建军、占文锋、王强撰写;第 4 章由占文锋、武玉梁、刘太福、牛学超撰写;第 5 章由李文、占文锋、武玉梁撰写;第 6 章由武玉梁、占文锋、任凤国撰写;第 7 章由占文锋、武玉梁、王强、张浩撰写;第 8 章由占文锋、武玉梁、李文撰写。全书由占文锋统稿,武玉梁、刘建军、李文校稿。

感谢北京市教育委员会科技计划项目(KM201810853006)、川煤集团重点科技项目计划(CM20150013)、北京工业职业技术学院重点课题(bgzykyz201606)对本书的资助。

由于作者水平所限,加之撰写时间仓促,书中疏漏之处在所难免,恳请读者不吝指正!

目　　录

第 1 章　绪　　论

1.1　研究背景及意义

煤炭是我国的主要能源之一，煤矿安全开采则是煤炭行业研究的重大课题。然而我国的煤田地质条件十分复杂，常发育如断层、岩溶、陷落柱、断裂带等各种类型的地质异常体，破坏煤系地层的连续性，影响井巷围岩的稳定性，进而形成良好的导水通道或瓦斯富集场所(代松 等，2017)。煤矿井巷掘进及工作面回采中隐伏的含、导水构造或瓦斯富集区，极易造成矿井突发事故的发生，对煤矿安全生产构成极大的威胁。

近年来，随着采矿工程活动深度的不断增加，矿井地质及水文条件日趋复杂，由于深部矿井致灾机理不明，容易发生突(涌)水、塌方、煤与瓦斯突出等地质灾害，严重制约煤矿生产安全。

井巷掘进及工作面回采的顺利实施，关键在于提前预测、预防施工中的地质灾害，而断层、溶洞或陷落柱则是其中最为常见的不良地质现象，也是引起矿井突(涌)水和塌方的"罪魁祸首"之一。施工中发生的地质灾害，大部分都与断层和岩溶等发育有关，赋存于溶洞、断层及破碎带内的地下水、淤泥是矿井突水、突泥的最主要根源。断层破碎带也是诱发煤与瓦斯突出、瓦斯爆炸的主要地质因素之一，且与岩爆的发生密切相关(王明生，2010)。通过对煤矿隐伏断层及破碎带、岩溶、陷落柱等进行准确定位和评价，采取有效的防治措施，不仅可以减少巷道突水、突泥、塌方等地质灾害的发生，加快施工进度，节约成本，还可以有效减少人员伤亡及财产损失，提高煤矿经济效益。

矿井突水灾害一直是困扰和威胁我国煤矿安全生产的突出问题之一。据不完全统计，在过去的二三十年里，我国已有上百座矿井发生了突水淹井事故，直接经济损失高达上百亿元，给煤炭企业带来的人身伤亡和经济损失极为惨重，同时也对矿区水资源与环境造成极大的破坏(陆银龙，2013；虎维岳，2005)。近年来，尽管煤矿建设与生产过程中的技术水平均有了极大程度的提高，但煤矿突水事故依然频发。传统地质钻探方法成本高、耗时费力，有时由于隔水层被钻孔破坏，直接引发突水事故。物探技术因其快速、经济、方便的特点，在煤炭资源勘查及隐蔽致灾隐患探查方面应用越来越广(占文锋，2018；邵雁 等，2007)。研究和应用地球物理探测技术，及时准确地预测预报巷道前方及工作面内隐伏导、含水构造，对于煤矿的防治水工作与安全生产具有十分重要的现实意义。

不同物探方法具有不同优势，也具有不同的缺点，各探测技术具有一定的效果但也有其局限性。如地震技术测量的参数为折射、反射、透射地震波旅行时间，表现的物理特征是地下岩石密度、弹性模量和剪切模量，它们决定地震波传播速度，即使运用高分辨三维地震勘探，要精确查明测区内全部地质异常仍极其困难。电法测量电压、电位等参数，并计算视电阻率，表征的物理场是电导率等，受接地条件及体积效应影响较大。探地雷达探测分辨能力强但深度有限；地震和瑞利波分层能力较强，但对构造是否充水反应不明显；瞬变电磁法存在金属支护及电磁干扰影响较大，发射线圈和接收线圈间的互感效应，对高阻异常反应不灵敏，对围岩破碎程度判断不准确，浅部存在勘探盲区等问题(胡承林，2011)。

因此，综合选用多种物探手段在地面或矿井下开展工作是煤田地球物理勘探工作的首选。尽管所有物探方法的手段都是间接的，存在多解性和不完备性，但采用不同物探方法进行综合探测时，根据同一异常体引起的地震波场、电(磁)场或地温场等物性差异变化，利用同源异场聚焦作用，定性与定量相结合，取长补短，可有效消除单一物探方法的多解性，提高探测精度(郑文红，2013)。

物探技术的发展，使现代矿井开采基本能够做到作业按计划、效率达设计、安全有保障，再结合钻探和矿井地质分析，已初步形成了矿井开采地质保障体系的雏形(李萍，2012)。目前较为科学的做法是以先进的地质理论为指导，采用现代化的探测技术，采取井上、井下相结合的立体勘查模式，从宏观到微观不断细化探查工作，这是妥善解决煤矿安全开采问题的必由之路(刘同彬，2005；李竞生，1997；王桂梁 等，1993)。

1.2　煤矿异常体综合探测技术研究进展

1.2.1　地球物理勘探技术研究进展

煤炭资源在地壳中的分布受地质构造条件控制，赋存条件各异，物性条件多变，勘探深度变化大，能从数米到上千米，给煤炭资源物理勘探和防灾减灾工作增加了难度。目前，我国煤矿水害防治坚持"预测预报、有疑必探、先探后掘、先治后采"的基本原则(国家安全生产监督管理局，2016)，采取"防、堵、疏、排、截"综合防治措施(国家煤矿安全监察局，2018)，要求煤矿在采掘前进行详细的地质勘查，对可能的地质隐患进行综合探查，对具有致灾危险的要预先进行有效治理后方可掘进。

从技术层面而言，目前煤田地质勘探手段主要有钻探、化探和物探，其中，物探技术因其快速、经济、方便的特点，被寄予厚望。长期以来，广大地球物理工作者进行了大量的试验研究和实际探测工作，针对采掘过程中的各种地质问题，相继开展了直流电法、地震波法、瑞利波法、电磁法、微震法、红外测温法等一系列研究，并取得了显著的研究成果。

刘鸿泉等(1986)将浅层地震法用于浅部采空区及隐伏断层破碎带的探测。李志聘等(1990)运用电法勘探圈定煤层采空区边界及冒落带范围。徐萱(1994)采用甚低频电磁法进行了隐伏采空区探测。刘建华等(1996)运用高分辨率地震技术探测了贾汪煤矿区采空区。王超凡等(1998)将地震 CT 技术应用于金矿采空区探测。王文龙(1999)运用孔间电磁波透视法寻找采空区。常锁亮等(2002)采用多道瞬态瑞利波法探测浅层煤矿采空区。张刚艳等(2002)运用 EH4 电导率成像系统进行煤矿采空区探测。穆海杰等(2008)采用可控源音频大地电磁法(CSAMT)探测采空区的位置和深度。

随着高产高效矿井的建设或陆续投产，一是要求在采区地面选择适宜的勘查手段，如地面高分辨二维和三维地震勘探、电法、电磁法对采区进行探测，为采区规划设计提供地质依据；二是在大型综采设备安装前或工作面开采前，在井下查明或控制工作面内的小断层、小褶曲、煤层冲刷、剥蚀、煤层厚度变化、岩浆岩侵入、陷落柱、瓦斯涌出、岩溶及老空区分布、顶底板富水情况、顶板与围岩的稳定性等地质异常。其即使规模再小，如果不及时探查，不但可能造成采掘系统布局不合理，资源浪费，还直接影响高产高效工作面的持续开采及矿井水害的有效防治，更甚者危及整个矿井和矿工安全(刘天放 等，1993)。

地面物探的主要任务：一是为采区规划设计和先期采区设计提供详细的地质依据；二是为工作面、井巷工程合理布置和采煤工艺的选择提供详细的地质资料。地面物探施工简单，探测效率高，设备对环境的要求低，由于装备和物探技术的进步，在地形条件复杂的矿区，如丘陵、山区、沙漠、湖泊水域等也取得了良好的地质效果。井下物探的主要任务是在工作面开拓前查明或控制工作面内地质异常，一般在巷道内以煤层或其顶底板为主要探测对象。与地面物探相比，它具有探测目标近、异常明显而突出、分辨率高、方法多样、运用灵活、探测范围大的优点。但在多数情况下，从数据采集、处理和解释各环节必须考虑全空间问题等特点。

煤田物探主要有弹性波探测和电(磁)法探测两大类。

弹性波探测技术以弹性波理论为基础，对煤田地质构造探测具有针对性强和探测精度高的特点，主要有三维地震探测、瑞利波探测、巷道地震波超前探测技术等。

矿井多波多分量地震勘探技术是近年来最为重要的研究成果，其综合利用纵波、横波、转换波等多种地震波进行地质勘探。王怀秀等(2007，2006，2003)、朱国维等(2006)研制的 EMS-2 型工程多波地震仪实现了全数字化信号传输，抗干扰能力强，在井下可实时显示勘探波形，勘探深度较大，测量方式灵活，可以根据现场条件布置检波器，但需要布置 3 个检波器，工作量较大，激振力不容易控制。

瑞利波探测技术借助煤矿井下煤层与围岩的波阻抗差异来识别分层界面和断层位置，并用于巷道掘进工作面前方 80m 范围内小构造的超前探测，如断层、裂隙带、煤层变薄等(李萍，2012)。防爆型矿井瑞利波仪主要为中煤科工集团西安研究院有限公司生产的 MRD-2 型，施工面积小，适于煤矿井下独头巷道探测施工，受周围环境干扰较小，探测精度高，误差一般在 5%以内(田劼 等，2006)。

巷道地震波超前探测技术采用反射地震勘探技术原理，通过对井巷波场分析，按照一维波动理论近似解释，可以较好地探测工作面前方断层的位置，但该技术受煤层顶、底板侧帮异常影响较大，现场条件要求较高(李萍，2012)。

电(磁)法探测技术以煤岩体的电性差异为基础，特别适用于含水异常体的探测，主要包括直流电法、探地雷达法、音频电穿透法、瞬变电磁法等技术。

我国矿井直流电法研究始于 1958 年。目前国内用于巷道顶底板构造和水文地质条件探查的电法技术发展较快，在专用设备研制上也取得了重大进展(张平松 等，2015)。20 世纪 80 年代，我国中煤科工集团唐山研究院有限公司、河北煤炭科学研究院、中煤科工集团西安研究院有限公司等单位开始将直流电法应用到井下，主要探测工作面顶、底板内含水及导水构造。20 世纪 90 年代开始，中国矿业大学与淮北矿业集团合作开展了多种矿井直流电法方法有效性的研究工作，并与煤矿高分辨率地震勘探相结合，探测下组煤隔水层厚度。

国内电法超前探测理论基础仍然是(稳恒)点电源激励下地质异常体的反应，因而与常规直流电法并无本质差别，只是应用的环境和工作目的有所差异(董健 等，2012；高致宏 等，2006)。中国矿业大学、中煤科工集团西安研究院有限公司、煤炭科学研究院有限公司等单位都开展了相关的研究工作，取得了较好的探测效果。矿井直流电法超前探测以煤岩层的电性差异为基础，利用等电位球面原理，可推断解释掘进头前方约 100m 范围内的岩石电阻率相对变化，解释探测区域内的导含水断层、大型破碎带、陷落柱、老空区等，也可探测巷道顶、底板隔水层厚度，检验注浆效果等(李萍，2012)。中国矿业大学岳建华课题组，对井中直流电法做了详细的研究，对巷道的影响因素及探测异常特征研究较为深入。煤炭科学研究院有限公司认为直流电阻率法具有快速、便捷、施工效率高，后期处理也较为方便等优点，并于 1992 年在 DZ-1 型防爆数字直流电法仪基础上推出 DZ-2 型，是目前国内较有影响的防爆型直流电法仪。此仪器探距较大，对含水构造敏感，在掘进机后方距掘进面较远处施工，比较安全，仪器价格相对便宜，有较多应用实例，但受体积效应的影响，相对而言干扰因素较多，工作量大，施工时对巷道长度有一定的要求。占文锋等(2018)运用数值模拟方法，探讨了井下不同因素(如巷道空腔、地层电性不均匀)对矿井直流电法地下全空间电流场分布的影响。

探地雷达(ground penetrating radar，GPR)基于电磁波反射原理探测地质构造、地下水体、煤层厚度、煤层冲刷、剥蚀以及采空区垮落带等地质异常。从1937 年美国公布第一专利起，20 世纪 50 年代美国率先进行了探地雷达可行性方案研究，70 年代美国地球物理勘探公司(Geophysical Survey Systems Inc.，GSSI)推出 SIR 系列商品化地下雷达系统。随后，日本、加拿大等国在 SIR 技术基础上，开展了探地雷达探测技术研究。1983 年，日本将 SIR 产品改型为 OAO 系列产品。20 世纪 70 年代，加拿大 A-Cube 公司针对 SIR 系统的局限性，对系统结构和探测方式作了重大改进，采用微机控制、数字信号处理及光缆传输高新技术，推出了 EKKO GPR 系列产品。20 世纪 80 年代，瑞典地质公司也推出了 RAMAC 系列的数字式钻孔雷达系统。在此期间，探地雷达被广泛运用于煤层、管线和电缆探测等领域。1984 年，美国环境保护机构利用探地雷达技术实现了对污染土地的调查，极大促进了 GPR 技术的发展。20 世纪 90 年代，探地雷达技术已涉及各个领域，每两年举办一次的探地雷达国际会议，对世界各国关于探地雷达的研究起到不可估量的作用(方程，2015)。

我国探地雷达研究工作起步较晚，在引进和借鉴国外先进技术的基础上，逐步开始自主研发探地雷达系统，并取得了较为突出的成果，许多科研机构以及部分高校推出了自行研制的探地雷达样机，如中国电波传播研究所青岛分所(LT、LTD 系列探地雷达)、中国航天科工二院二十五所(CBS-9000、CR-20 等探地雷达)、大连理工大学(LTT-1、DTL-1 型探地雷达)和北京爱迪尔国际探测技术有限公司(CBS-9000 系列)等，其中比较成功的是 LTD 和 DSP 系列探地雷达。国内矿井防爆探地雷达研发主要是中煤科工集团重庆研究院有限公司和中国矿业大学(北京)杨峰和彭苏萍(2006)课题组。其中，中煤科工集团重庆研究院有限公司从 20世纪 70 年代开始开展矿井探地雷达探测方法及仪器的研究，针对我国煤矿井下的环境条件，于 1987 年研制出防爆型系列产品，在淮南煤田的使用表明，其施工简便，工作量相对较少，可实时显示勘探结果，但勘探距离只有 20～30m，且通信光缆容易遭到破坏，易受金属体或大型机械的干扰，屏蔽天线体积较大，增加了操作的难度。虽然这些雷达系统存在诸多缺点与不足，但在探测掘进前方地质异常体和含水体方面取得了一定的效果。部分学者也对探地雷达的应用做了相应研究，如程久龙等(2004)利用 GPR 技术对浅层采空区进行探测。闫长斌等(2005)利用探地雷达和瑞利波综合探测了煤矿采空区的空间位置和分布情况。占文锋(2017)正演模拟了煤层、采空区、断层等在雷达图像上的响应特征。但煤矿中由于煤系电阻率较低，层位多，使得高频电磁波衰减快，探测距离较短。

音频电穿透技术测量低频电场透过回采工作面的电阻率变化，可探测工作面内的导、含水构造，圈定工作面内部隐伏的含水体位置和范围，为工作面水文地质预测预报提供依据，同时通过对采掘工作面薄弱区段隔水层厚度和完整性的探测，可指导探放水钻孔位置设计和检测注浆堵水效果等。利用音频电穿透法测量，并结合矿井直流电法进行巷道底板测深，得到回采工作面底板不同深度的电阻率等值线图，可以分析工作面下方含水异常构造的展布规律，进而可以进行类三维立体探测，提高探测精度。

瞬变电磁法(time-domain electromagnetic method，TEM)近年来发展迅速，并得到广泛应用。由于该方法观测的是二次场，可采用重叠回线装置在近区进行观测，对低阻含水体反应特别灵敏，体积效应小，纵横向分辨率高。考虑到瞬变电磁法具有定向性好，可用于井下全方位探测(既可以用于掘进头前方，也可以用于巷道侧帮、煤层顶底板探测等)，且具有探测距离大、分辨率高、施工快捷、效率高等突出优点(陈利 等，2007)，在矿井水文地质勘探中有较大的应用价值，被普遍认为是矿井水文地质勘查中最有前景的地球物理勘探方法之一。目前，国内研究矿井瞬变电磁法探测的高校和单位主要有中国科学院地质与地球物理研究所、中国矿业大学、中国矿业大学(北京)、成都理工大学以及中煤科工集团有限公司。许多学者对瞬变电磁法探测原理算法、方法技术、适用条件等内容进行了不同程度的研究，已在瞬变电磁探测机理、数据采集、干扰因素控制、反演算法、结果成图等方面取得了巨大进步。

我国瞬变电磁法研究始于 20 世纪 70 年代，朴化荣、王延良、曾孝箴等学者将瞬变电磁法运用于找矿和地质填图(李洪嘉，2014)。20 世纪 80 年代，牛之琏等(1987)编写的《脉冲瞬变电磁法及应用》一书，对瞬变电磁法进行了较为全面和系统的介绍，并将其运用于金属矿勘探，取得了显著的效果。20 世纪 90 年代，瞬变电磁法取得了较快的发展，朴化荣(1990)在《电磁测深法原理》中系统地研究了电偶源瞬变电磁测深一维正演计算及视电阻率响应问题。方文藻等(1993)将瞬变电磁法扩宽到水文工程领域和地质灾害调查中。蒋邦远(1998)等将TEM 用于良导体金属矿的普查勘探。

近年来，瞬变电磁法在煤矿采区水文物探、积水老窑、采空区、奥灰水的探查方面应用较多，可以提供深部地层富水区域以及断层、陷落柱的垂向连通关系，取得了良好的应用效果。于景邨(1999)通过对全空间电磁场的研究，提出并推导了 TEM 在矿井探测中的相关理论公式，为实际运用研究奠定了稳固的基础。路军臣等(2002)运用 TEM 探明了小煤矿采空积水区的范围大小与位置分布，获得了较明显的探测效果。郭崇光等(2003)根据多个采空区探测项目的研究和分析，归纳了 TEM 在采空区的应用效果，对瞬变电磁法在探测采空区取得良好的效果进行了验证。薛国强等(2004)通过理论模拟和项目实例，利用瞬变电磁法对地下洞体进行了探测研究，得出了地下洞体的参数模型以及瞬变电磁法的响应特征。刘君等(2004)利用地球物理特点并通过实例论述了 TEM 探测采空区的可行性和实用性。张运霞等(2004)根据瞬变电磁勘探技术，不仅圈定了岩溶裂隙积水区，而且还查明了地表水涌进矿井的通道。周先胜等(2006)采用瞬变电磁法对矿井下的断层含水性进行了探测，其结果达到了预期效果，为煤矿的安全生产提供了可靠依据。张开元等(2007)利用瞬变电磁法探测煤矿采空区，也取得了理想的效果。解海军(2009)采取小波分析技术对在用瞬变电磁法探测采空积水区中产生的噪声进行了系统的识别和分析，验证了 TEM 在探测煤矿采空积水区的良好效果。

1.2.2 综合物探技术研究进展

煤田物探虽然方法较多，然而对于不同物探方法而言，每一种物探方法都有其自身的特点，也分别存在各自的应用前提和条件，各种方法的施工难度不同，影响因素不同，探测精度受到地质条件限制。尤其在复杂的探测条件下，单一的物探方式往往会造成探测结果的多解性。加之受到地面情况、仪器精度、地电干扰和探测深度等原因的影响，要达到准确预报，难度很大。目前还没有一种地球物理勘探方法可以准确有效地探测与力学性质和含水性质均有关的地质异常。因此在实际应用时，应当根据具体的地质情况及探测环境，结合两种或两种以上的物探方法，达到取长补短，有效消除单一物探方法的多解性，提高物探资料解释的准确性和探测精度(周小龙，2017；闫立辉，2013)。郭恩惠等(1997)比较了高分辨地震法、α 卡法和钻孔弹性波 CT 的使用效果，列举了综合探测的应用实例。王强等(2001)利用三维地震法和瞬变电磁综合物探技术研究了煤矿老窑采空区、陷落柱及断层的赋水性。于国明等(2003)选用高精度微重力、瞬变电磁、人工地震等三种方法，从密度、电性、弹性等不同方面对采空区进行检测，从而达到异常定性、准确定量、计算可靠的要求。高勇(2003)在鞍山矿区利用探地雷达法、瞬变电磁法、浅震反射波法、瞬态瑞利波法确定地下采空区。刘树才(2005)利用三维地震勘探结合矿井瞬变电磁技术对煤矿采区的水文地质条件进行探查，有效降低了物探资料的多解性，提供了客观可靠的水文地质资料。潘西平等(2005)利用瞬变电磁法和激发极化法对陷落柱富水性进行了综合勘查。宗志刚(2006)从煤矿采空区的物性基础出发，详细讨论了三维反射波地震方法和瑞利波方法探测采空区的可行性和有效性。吴成平等(2007)对采空区探测的各种物探方法从重、电、震、放、综合物探等方面进行分类和介绍。赵建红等(2007)采用直流电法技术探测查明了陷落柱附近区域的赋水性，并采用地面瞬变电磁方法探测出了陷落柱的赋水性。马志飞等(2009)讨论了高密度电阻率法、瞬变电磁法、地震波法、测氡法等，选择两种或两种以上的方法组合，可以实现优势互补，提高物探的解释精度。杨树流(2009)根据大宝山矿已知采空区和研究区的几种物探方法的测量结果，提出高密度电阻率法和浅震反射波法对采空区的勘查具有较好的勘探效果。段建华(2009)使用瞬变电磁、三极电剖面、电测深三种方法进行综合解释，确定了陷落柱的富水性。李有能(2011)在东都煤田采用高密度电阻率法和地震层析法进行综合分析，推断采空区的位置和范围大小，为工程施工设计的经济投资预算及其安全建设提供了重要的参考依据。赵丽瑰(2011)采用小波分析信息融合进行地震、直流电法、瞬变电磁数据的联合反演来探测掘进巷道迎头前方的地质构造。刘海涛等(2011)利用高密度电阻率法浅部探测能力强,尤其对低阻敏感的特征,并结合具有较深探测能力的浅震反射波法,查明工区采空区和溶洞分布特征、充水情况和裂隙的发育程度。付茂如等(2013)采用三维并行电法和矿井音频电透视法对底板岩层赋水性进行综合探查,有效圈定了底板相对富水区。吴荣新等(2013)采用坑透和并行电法相结合的方式探测大面宽综采工作面内的地质异常区,探测实例表明通过综合物探方法能够较好地查明地质异常区的分布范围,确保了工作面的安全生产。吴昭(2014)采用矿井瞬变电磁法和地震反射波法对巷道前方富水性进行了探测。占文锋等(2016)综合运用高密度电阻率法、瞬变电磁法和多波地震法,圈定了风氧化带的位置及分布范围。

因此,综合选用多种物探手段在地面或矿井下开展工作是煤田地球物理勘探工作的首选。尽管所有物探方法的手段都是间接的,存在多解性和不完备性,但采用不同物探方法进行综合探测时,根据同一异常体引起的构造、电磁场或地温场等物性差异变化,利用同源异场聚焦作用,定性与定量相结合,取长补短,可有效消除单一物探方法的多解性,提高探测精度。地球物理探测研究正趋向于探测方法综合化,仪器设备安全、轻便化,理论模拟三维化,资料处理可视化等方向发展,在不断提高探测精度和准确性的前提下,试图增大预测预报的距离,为工程防灾、减灾提供科学依据。

1.3   主要研究内容与技术路线

1.3.1   研究目标

以煤矿突水灾害预测预报为研究背景,综合运用理论分析、数值模拟、室内试验和现场物探相结合的方法,采用多种物探手段,开展多场联合探测技术的有效性研究,着重研究异常体多场响应特征、数据的综合处理与融合技术,建立多场联合探测技术体系,提高对异常体的空间分辨力。选择凤凰洞煤矿、石屏一矿、张集煤矿等为研究对象,探查溶洞、裂隙、陷落柱、断层等不良地质体的分布以及地质构造对各煤层的相互影响,为巷道掘进和工作面回采提供安全决策依据。

1.3.2   主要研究内容

1.特定条件下多场联合探测方法有效性研究

由于各物探方法自身的局限性,需开展方法有效性试验,包括室内数值模拟、物理模拟试验和现场有效性试验。采用数值模拟技术，研究不同条件下电场、电磁场、地震波场的传播规律及目标层的响应特征；采用室内水槽模拟试验，研究电场对不同目标体的响应特征。在实验室模拟有效的基础上，进一步开展现场有效性试验，主要选择电法、电磁法对低阻异常敏感和地震波法对构造异常敏感的特点，研究现实条件下异常体对电场、电磁场和地震波场的响应特征。

2. 致灾源的多场响应特征研究

通过现场试验，可以研究不同条件下异常体对电磁场、地震波场和电场的响应特征。同时，断层、溶洞、陷落柱等构造含水与否，对电磁场、地震波场、电场的响应特征也各不相同，通过不同物探方法对同一目标体，或同一物探方法对不同目标体的响应特征开展试验研究，达到提高解释精度和预报准确性的目的。

3. 干扰源的多场响应与压制技术研究

参数设置是否合适，将直接影响探测结果的好坏和可靠与否。然而，在实际应用过程中，由于自然地质环境及周围人工环境差异，导致理论参数(如瞬变电磁法关断时间大小、发射频率、增益、发射框大小等；矿井多波多分量地震采样率、采样点数、增益、偏移距等；矿井直流电法供电时间、供电电流、电极距大小等)不能达到最佳探测效果。在开展探测工作前，需要根据现场环境进行参数试验，以确定各设备最佳观测参数。通过实际参数与理论参数的对比研究，总结归纳环境因素对参数变化规律的影响。

4. 探测方案优化

井下工作面有限空间对于探测装置布设具有很大的约束性，如选用的 TEM47 型瞬变电磁仪采用共轴方式进行超前探测，其一次场的传播方式与大定源装置、共面装置形式均不相同。因此，在相对开阔的地下空间，通过不同装置形式对同一目标体进行探测研究，借以了解不同装置条件下电磁场的传播规律；同样，MMS-1 矿井多波地震仪，通过地震小排列、自激自收和多次覆盖观测系统，采用小偏移距和小道间距系统，达到在有限空间内设计观测系统的目的，但其地震波的传播规律、直达波干扰及如何提高信噪比等问题，仍需通过试验验证。

5. 数据综合处理与融合技术研究

结合矿井地质条件、人工环境、装置形式等影响因素，对采集数据进行校正和反演，重点研究不同类型干扰的剔除与校正。通过对已知目标体进行多手段探测，以及对未知目标体先探测后验证的方式，对探测结果进行验证和反馈，进而改进数据反演方法，提高反演精度，增强对地质异常判别的可靠性和准确度。

6.多场联合探测技术体系研究

通过试验结果，系统分析各方法及装置形式的特点及优缺点，合理改进和设计探测装置与观测系统使其达到更好的探测效果。同时探索适用于不同条件、不同方法、不同装置形式可能的方法搭配与组合，形成高精度、全方位立体探测技术方法，达到隐蔽致灾因素的高精度、高分辨率精细探测。

1.3.3　技术路线

本书研究的主要技术路线如图 1-1 所示。

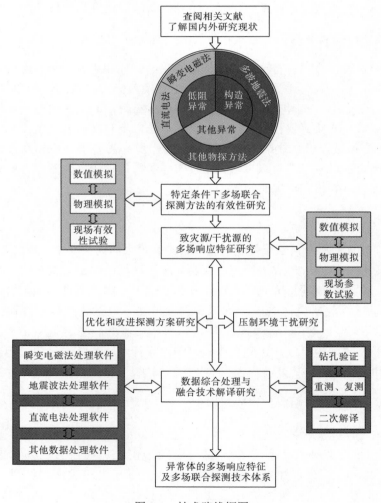

图 1-1　技术路线框图

1.3.4　拟解决的关键问题

1.特定条件下多场联合探测方法有效性研究

通过开展数值模拟、物理模拟试验和现场试验，对比研究不同条件下电场、电磁场、地震波场的传播规律，以及不同类型的异常体在不同物理场条件、不同装置条件下的响应特征，系统总结不同类型地质异常体多波场的响应特征。

2.致灾源和干扰源的多场响应特征

通过有效性试验，研究不同条件下致灾源和干扰源对电磁场、地震波场和电场的响应特征，以及此条件下，不同物探方法对同一目标体，或同一物探方法对不同目标体的响应特征，达到压制干扰，提高对空间异常体的判别能力。

3.探测方案优化与多场联合探测技术体系

通过试验结果，系统分析各方法及装置形式的优缺点，合理改进和设计探测装置与观测系统，分析适用于不同条件、不同方法、不同装置形式的可能的方法搭配与组合，形成高精度、全方位的立体探测方法体系。

第2章 矿井直流点电源全空间电场条件下异常体响应特征

2.1 矿井直流电法超前探测原理

井巷掘进过程中，不良地质条件(如破碎带、软弱夹层、陷落柱和采空区等)常给生产和安全带来严重影响，必须进行超前预测预报。矿井直流电法由于对岩层富水反应敏感，已广泛应用于井巷探测中，并取得了较好的探测效果(石学峰，2016；杨华忠 等，2013)。

在均匀全空间中，点电源的等位面是一个球壳，该球壳面上任一点的前后、左右电位对称相等，称为点电源等位面原理。利用点电源等位面上"前"面一个点上的电位值，取得其对应的"后"面一个点上的电位值。矿井直流电法超前探测方法就是利用点电源等位面理论进行探测的(张成乾 等，2015)。图 2-1 为等位面几何聚焦法确定异常体位置原理示意图，它分别以实际供电点 A_1、A_2、A_3 为圆心，以该供电所测异常极小点坐标为半径画圆，若三圆弧相切点在正前方，则切点即为异常体界面位置；若三圆不相切，并且曲线异常形态类似，则异常体界面与巷道平行或斜交，其公切线即为异常体界面位置。

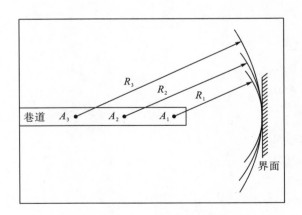

图 2-1 几何聚焦法原理示意图

该技术常采用六电极系装置，在巷道掘进头附近等间距布置 3 个供电电极 A_1、A_2、A_3，分别往地下供入直流电建立人工电场(图 2-2)。根据电流场分布原理，各供电电极分别供电时都是点电源，其电流线以 A_i 极($i=1,2,3$)为球心往外辐射，其等电位面是以 A_i 为球心的球面，该球面的特点是在同一个球面上的任意一点的电位相同，由一定间隔的 M、N 电极测得两个球壳之间的电位差 U_{MN}。

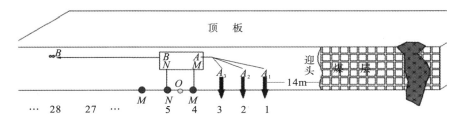

图 2-2　超前探测施工装置图

对于均匀全空间，点电源 A_i 产生的电场分布特征，可用如下关系式表达：

$$U_M^i = \frac{I\rho}{4\pi R_{AM}}$$

$$U_N^i = \frac{I\rho}{4\pi R_{AN}}$$

式中，U_M^i、U_N^i 为 M、N 点处电位；I 为供电电流强度；ρ 为均匀空间介质电阻率；R_{AM}、R_{AN} 为 M、N 到 A_i($i=1,2,3$)间距离。则岩石的视电阻率表达式为

$$\rho_{si} = K \cdot \frac{\Delta U_{MN}^i}{I}$$

式中，K 为装置系数；$\Delta U_{MN}^i = U_M^i - U_N^i$。

图 2-3 以巷道掘进工作面为直角坐标原点，往前方为 x 轴，往上为 y 轴。其超前探测前方的范围为以 $x=b/2n$ 为顶点、喇叭口对准前方的"准抛物体"。其中，$n=-a/b=-3$(a 为供电电极的最大间距，b 为 M、N 之间的电极距)。该"准抛物体"垂直于 x 轴的截面为 1 个圆，设该圆半径为 R，其极限最小探测半径 $R_{\min} = \sqrt{2Lb + b^2}$。当超前探测距离 $L=100$m，$b=4$m 时，$R_{\min} \approx 28.5$m，该处轮廓线与 x 轴之夹角约为 15.9°；当 $L=140$m，$b=4$m 时，$R_{\min} \approx 40.2$m，轮廓线与 x 轴之夹角约为 13.1°(韩德品 等，2010)。

在均匀层状空间、顺层超前探测条件下，根据球对称原理，探测距离等于点电源 A_i 与 M、N 之中点 O 之间距 A_{iO}。当掘进头前方无地质构造时，获得的电位差为正常值；当掘进头前方存在构造时，等位面的分布将被改变，表现为包含地质构造的两个等位面之间的电位差发生变化，而该值可以通过测量掘进头后方的 M、N 两电极获得。由于矿井直流电法属于全空间探测，测量结果包含了巷道工

作面非正前方的影响（上方、下方、左方、右方、后方）和巷道工作面前方的影响。前者是干扰，后者是需要的。故采用如图 2-4 所示聚焦法，将 3 个点电源 $A_i(i=1,2,3)$ 分别供入电流时，使用同一对测量电极 M、N 测量电位差，通过三组视电阻率曲线对比，可以校正、消除表层电性不均匀体的干扰，判断异常体的空间位置。

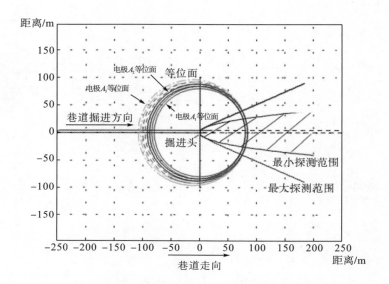

图 2-3　矿井直流电法超前探测原理示意图

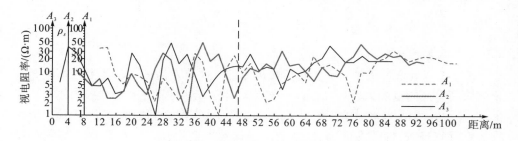

图 2-4　单极-偶极几何聚焦法示意图

　　影响直流电法超前探测效果的因素较多，如地质构造、地下介质非均匀性、巷道开挖等因素如何影响等位面分布，其变化对测量结果有何影响等，许多学者从不同方面做了大量有益的探索。

　　刘树才等(1996)选择常见的地电模型进行测深曲线正演计算，总结分析了测深曲线随地电参数变化的基本规律。于景邨等(1997)利用高分辨率三极电测深法开展了煤矿突水构造探测实践。李玉宝(2002)系统介绍了巷道积水、金属物、浮煤、生产施工等对三极装置探测时的影响，结合大量探测实例，探讨了不同类型、不同规模异常体的反应特点。高致宏等(2006)对电法超前探测在矿井含水构造精细探测中需要注意的问题做了初步的经验总结。王信文(2007)详细介绍了利用曲线对比法、镜像曲线对比法和拟视电阻率剖面法进行矿井直流电法超前勘探资料分析和处理的基本方法，提出了消除干扰及资料解释时需要关注的若干问题。程久龙等(2008)通过水槽试验尝试利用平行双极-偶极电阻率法探测工作面底板内隐伏含水体。马炳镇等(2013)利用有限单元法模拟井下稳定电流场，讨论了全空间条件下三维模型中点源电场的边值及变分问题，通过巷道影响因子研究巷道空腔对全空间稳定电流场分布的影响。李飞等(2014)提出了以瞬变电磁响应对数与直流电法视电阻率比值作为联合反演参数的最小二乘联合反演方法，对全空间无限大值立板状体的模型试验表明，联合反演既解决了直流电法单独反演时的等值现象，又克服了瞬变电磁单独反演时对高阻体的不敏感性，反演效果改善明显。董健等(2012)、徐佳等(2014)、杨德鹏等(2014)详细介绍了利用二极观测装置开展三维电法超前探测的基本原理及方法，并在实际应用过程中结合矿井地质资料，对超前探测数据进行三维处理，成功构建了超前探测三维数据体，提高了直流电法超前探测三维可视化水平。占文锋等(2018)运用数值模拟方法，探讨了不同地电条件下直流电法全空间电场分布特征及其影响因素。

上述研究从方法原理、装置形式、影响因素、数据处理、结果解释等不同方面讨论了直流电法超前探测技术及其对异常体的响应特征。但是，井下影响探测效果的因素较多(黄俊革 等，2006)，如地质构造、巷道空腔、地层电性不均匀等因素如何影响等位面分布，其变化对测量结果有何影响等，需进一步深入研究。为提高探测效果，积极开展井下诸因素对全空间电流场分布的影响研究，具有较强的理论和实践价值。

2.2 矿井直流电法超前探测影响因素数值模拟分析

目前，井下直流电法超前探测已经取得了较好的探测效果，但是矿井条件下影响探测效果的因素较多，其中巷道空腔对全空间电流场分布的影响不容忽视，其导致信噪比降低，影响了探测精度(阮百尧 等，2009；徐世浙，1994)。为了提高探测效果，须对井下各种影响因素进行研究。

自 Coggon(1971)将有限单元法(finite element method，FEM)应用到直流电阻率法数值模拟以来，FEM 以其理论完备、边界处理能力强和通用性强等优点，在直流电法正演中得到了广泛应用(胡宏伶 等，2014；刘斌 等，2012；底青云 等，1998；罗延钟 等，1986)。直流电法数值模拟问题具有如下特点，即地下往往存在复杂的电性不均匀结构，电性差异可达几个数量级；研究区域具有无界性，需要进行截断边界处理；点电源处电位为无穷大，具有奇性；井巷直流电法超前探测现场布极方式一般呈直线形，该观测方式不利于现场条件差的巷道，如巷道内掌子面附近积有大量浮矸，不利于电极与岩层的接触，或巷道掌子面后方短距离内发生变向，亦会造成现场探测无法顺利进行（杨华忠　等，2013），这些都将导致传统有限元法模拟精度及效率降低。

Ansoft Maxwell 是世界著名的商用低频电磁场有限元模拟软件，它基于麦克斯韦微分方程，采用有限元离散形式，有着足够的准确性和快捷性，对于特定时间周期内的稳定电场分布、力矩、损耗及磁通分布情况可通过 Ansoft Maxwell 2D 求解器进行分析（赵博，2010；刘国强　等，2005）。

Ansoft Maxwell 软件在求解简单地电条件下的位场分布时，即根据给定的边界条件解以下微分方程：

$$\mathrm{div}(\mathrm{grad}\,U) = \nabla U = 0$$

根据问题的需要，常将以上拉普拉斯方程转换成不同坐标系中的表达式。在球坐标系 (R, θ, ϕ) 中，拉普拉斯方程的表达式如下：

$$\frac{\partial}{\partial R}\left(R^2\frac{\partial U}{\partial R}\right) + \frac{1}{\sin\theta}\cdot\frac{\partial}{\partial\theta}\left(\sin\theta\frac{\partial U}{\partial\theta}\right) + \frac{1}{\sin^2\theta}\cdot\frac{\partial^2 U}{\partial\phi^2} = 0$$

对于均匀各向同性介质全空间点电源电场而言，由于空间任意一点的电位与方位角 ϕ 和极角 θ 无关，故球坐标系中拉普拉斯方程可简化为

$$\frac{\partial}{\partial R}\left(R^2\frac{\partial U}{\partial R}\right) = 0$$

将其积分两次得到：

$$U = -\frac{C}{R} + C_1$$

式中，C、C_1 为积分常数。当 $R \to \infty$，$U=0$，故 C_1 应等于 0。当电流为 I 时，有

$$J = \frac{I}{4\pi R^2}$$

同时，

$$J = \frac{E}{\rho} = \frac{1}{\rho}\left(-\frac{\partial U}{\partial R}\right) = \frac{1}{\rho}\left(-\frac{C}{R^2}\right)$$

因此，

$$C = -\frac{\rho I}{4\pi}$$

将 C、C_1 代入公式，则有各向同性均匀介质全空间点电源的电位分布公式：

$$U = \frac{\rho I}{4\pi R}$$

由于

$$E = \rho J$$

可推导：

$$U = \rho R J$$
$$U = \rho E$$

由此可知，点电源电流场的电位 U、电流密度 J 和电场强度 E 与供电电流（或电压）成正比，而 U 与 R 成反比，E、J 与 R^2 成反比。若已知某些参数，即可求出剩余其他参数之间的变化规律。

2.2.1　各向同性均匀介质全空间电场模拟分析

为模拟各向同性均匀介质全空间电场分布特征，运用 Ansoft Maxwell 2D 软件，设计如图 2-5 所示的模型。模型半径为 1000mm，点电源位于圆心处，半径为 10mm，供电电压设为 100V。

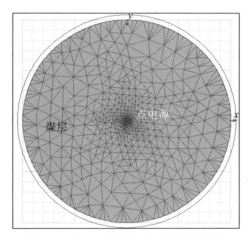

图 2-5　各向同性均匀介质全空间模型

各材料属性设置如表 2-1 所示。

表 2-1　模型各材料属性设置一览表

编号	名称	相对磁导率	体电导率/(mS/m)
1	点电源	0.01	58 000 000
2	煤层	5	5
3	砂岩	6	10
4	页岩	7	15
5	高阻体	1	1
6	低阻体	81	100

　　模型经边界条件设置、激励源、网格剖分、误差控制和求解步长等参数设置后,进行正演模拟计算,绘制出电场强度(E)等值线图及矢量图和电流密度(J)等值线图及矢量图(图 2-6、图 2-7,彩图见附录,同类图件参考本图,全书其他图余同),据此求取正演计算电阻率(ρ)并与实际电阻率值进行比较。

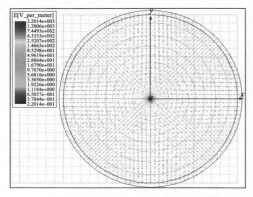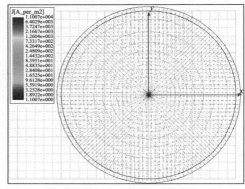

图 2-6　电场强度等值线图及矢量图　　　图 2-7　电流密度等值线图及矢量图

　　根据正演模拟结果,电场强度和电流密度均呈同心圆状向外扩散,中心处最大。随着距离增加,其大小呈指数方式逐渐变小(图 2-8、图 2-9)。正演模拟计算电阻率为 0.198～0.202Ω·m,基本保持恒定。与实际电阻率 0.20Ω·m 相比,相差较小。

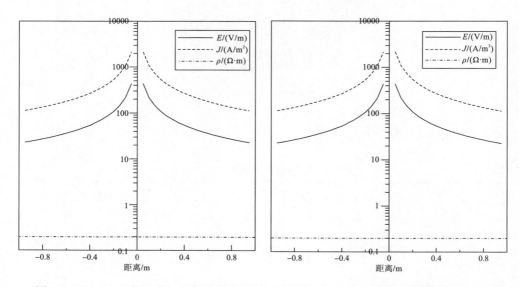

图 2-8　E、J、ρ 随 R 变化示意图($X=0$ 时)　　图 2-9　E、J、ρ 随 R 变化示意图($Y=0$ 时)

2.2.2　巷道开挖影响模拟分析

深入研究巷道对电场分布的影响规律，对区分巷道影响的畸变异常与地质异常及消除巷道影响都具有重要意义。故设计如图 2-10 所示模型，模型半径 1000mm，开挖巷道长 1150mm，宽 50mm。由于巷道影响，点电源下移 10mm，供电电压仍为 100V。模拟在巷道内加载定点电流源，研究巷道空腔对全空间稳定电流场分布的影响。

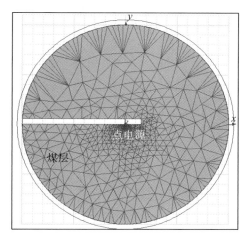

图 2-10　巷道开挖全空间模型

模型经正演模拟计算，绘制出电场强度（E）等值线及矢量图和电流密度（J）等值线图及矢量图（图 2-11、图 2-12），据此求取正演计算电阻率（ρ）并与实际电阻率值进行比较。正演模拟结果表明，受巷道开挖影响，电流强度和电流密度分布发生明显变化，但纵横方向的变化各不相同。

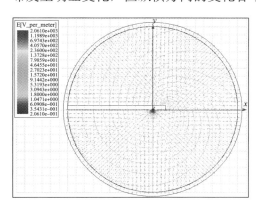

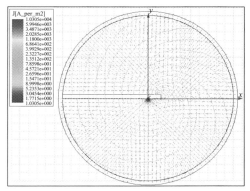

图 2-11　电场强度等值线图及矢量图　　　　图 2-12　电流密度等值线图及矢量图

　　纵向上(*X*=0 时)，虽然 *E*、*J* 大小仍然遵循随 *R* 增大而变小的原则，但与未开挖前相比，上下对称性发生改变，受巷道空腔影响，顶板 *E*、*J* 明显比底板小(图 2-13)。但电阻率大小不受开挖和距离的影响，基本保持恒定。

　　横向上(*Y*=0 时)，左右曲线基本保持对称，但受巷道开挖影响，右侧 *E*、*J* 支线在 150mm 附近出现明显跳跃增大，表明 *E*、*J* 在巷道迎头附近出现集中现象(图 2-14)。同样，电阻率大小不受开挖和距离的影响，基本保持恒定。

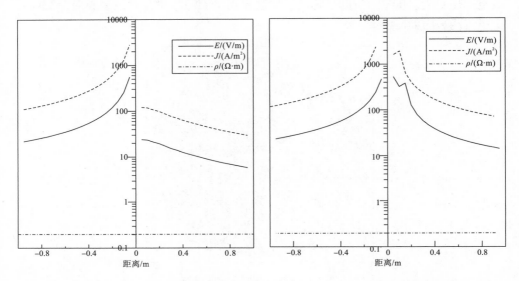

图 2-13　*E*、*J*、*ρ* 随 *R* 变化示意图(*X*=0 时)　　图 2-14　*E*、*J*、*ρ* 随 *R* 变化示意图(*Y*=0 时)

　　为讨论巷道开挖对三者的影响程度，分别绘制两者间差值 ΔE、ΔJ、$\Delta \rho$ 随距离 *R* 变化趋势图，并定义：

$$\Delta E = E_{开挖后} - E_{开挖前}$$
$$\Delta J = J_{开挖后} - J_{开挖前}$$
$$\Delta \rho = \rho_{开挖后} - \rho_{开挖前}$$

　　通过不同方向上 ΔE、ΔJ、$\Delta \rho$ 随距离 *R* 的变化趋势可知：

　　纵向上，电场强度(*E*)、电流密度(*J*)差值在煤层底板表现为正(+)异常，分析其原因可能是由于点电源向下移 10mm 导致；在煤层顶板表现出明显的负(−)异常，说明巷道开挖后，电场强度、电流密度较小，但随着距离的增加，两者差距缩小，并逐渐恢复一致，而电阻率(*ρ*)开挖前后无明显改变(图 2-15)。

　　横向上，电场强度(*E*)和电流密度(*J*)变化规律基本相同，只是电流密度(*J*)变化更强烈一些。电场强度(*E*)、电流密度(*J*)差值表现为正(+)异常，在右侧表现为负(−)异常。然而在左侧 150mm 巷道迎头附近，表现明显的正(+)异常，表明电场强度和电流密度出现集中现象。电阻率(ρ)在巷道开挖前后则无明显变化(图 2-16)。

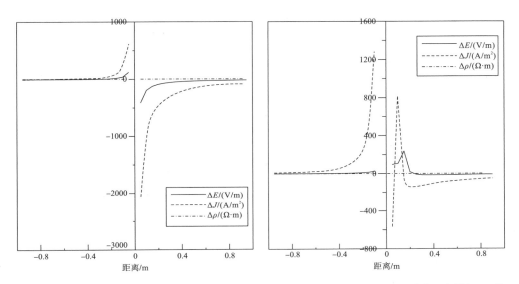

图2-15　ΔE 、ΔJ 、$\Delta \rho$ 随 R 变化示意图(X=0 时)　图2-16　ΔE 、ΔJ 、$\Delta \rho$ 随 R 变化示意图(Y=0 时)

2.2.3　非均匀介质全空间电场模拟分析

以上讨论的都是均匀介质条件，而实际上地下地质体是不均匀的。图 2-17 为电流密度在分界面上折射示意图，利用这种不均匀的异常场可以解决有关地质问题。

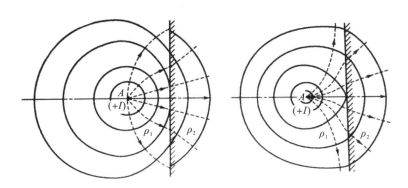

图 2-17　点电源在边界附近电场分布示意图

由折射定律可知：

$$\tan\theta_1 = \frac{J_{1\tau}}{J_{1n}}$$

$$\tan\theta_2 = \frac{J_{2\tau}}{J_{2n}}$$

其中，θ_1 为入射角；θ_2 为折射角。

由于电流密度法向 J_n 连续，切向 J_τ 不连续，电场强度切向 E_τ 连续，法向 E_n 不连续，因此在两者边界有

$$J_{1n} = J_{2n}$$

$$E_{1\tau} = E_{2\tau}$$

故有

$$\frac{\tan\theta_1}{\tan\theta_2} = \frac{\rho_1}{\rho_2}$$

若 $\rho_1 > \rho_2$，则 $\theta_1 < \theta_2$，有"吸引"电流线的现象；若 $\rho_1 < \rho_2$，则 $\theta_1 > \theta_2$，有"排斥"电流线的现象。

为研究围岩电性差异对电场分布的影响，假设巷道所在层与顶底板岩层的导电性存在差异，中间煤层电阻率高，顶底板电阻率低。故设计如图 2-18 所示模型，模型半径 1000mm，开挖巷道长 1150mm，宽 50mm。由于巷道影响，点电源下移 10mm，供电电压仍为 100V。各材料属性按表 2-1 所示设置。

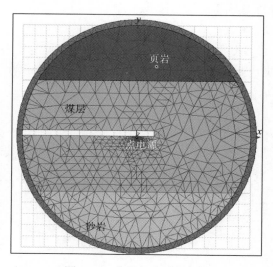

图 2-18　非均匀介质全空间

模型经正演模拟计算，绘制出电场强度(E)等值线图及矢量图和电流密度(J)等值线图及矢量图(图 2-19、图 2-20)，据此求取正演计算电阻率(ρ)并与实际

电阻率值进行比较。

模型设计时，中间煤层电阻率高，顶底板电阻率低。在分界面上，电场线和电流密度线表现出明显的折射现象，入射角均小于折射角。由于底板电阻率比顶板大，所以电流折射角度更大（图 2-19、图 2-20）。

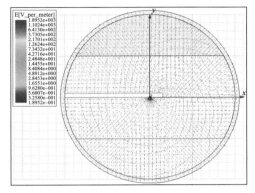 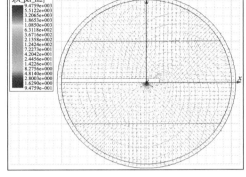

图 2-19　电场强度等值线图及矢量图　　　图 2-20　电流密度等值线图及矢量图

纵向上（$X=0$ 时），由于地电断面的存在，电流强度、电流密度和电阻率在 500mm 处，均表现明显的降低，其中顶板减小幅度更大（图 2-21）。

横向上（$Y=0$ 时），电流强度、电流密度基本保持左右对称形态，只在 150mm 巷道迎头处出现跳跃增大，表明迎头处出现集中现象，随着距离增大，其影响逐渐变小，而电阻率不受开挖和地电断面的影响，基本保持恒定（图 2-22）。

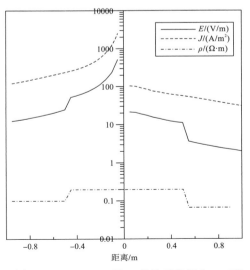 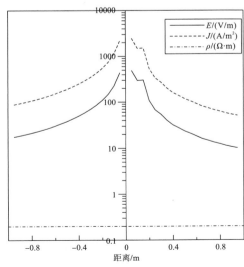

图 2-21　E、J、ρ 随 R 变化示意图（$X=0$ 时）　　　图 2-22　E、J、ρ 随 R 变化示意图（$Y=0$ 时）

2.2.4 巷道前方高阻异常体对电场影响模拟分析

若电流分布范围内存在电性异常体，不论异常体在巷道迎头前方还是其他方位，都会引起等位面的变化，视电阻率也会发生相应变化。若是低阻异常体会引起视电阻率值降低，反之，高阻异常体会因其排斥电流而引起整个电流场的畸变，使测量电极附近的电流密度增大，故视电阻率会增大。但巷道前方异常体的性质、规模、埋深、数量等因素，以及它们对电场分布产生何种影响，可通过模拟方法，分析实测视电阻率剖面曲线的变化规律，就可判断巷道前方是否有地质异常体。

为模拟巷道前方高阻异常体(如巷道或采空区)对电场、电阻率分布的影响，设计如图 2-23 所示模型。距巷道迎头 200mm 处，设置 400mm×400mm 高阻异常体(简称高阻体)，供电电压为 100V。

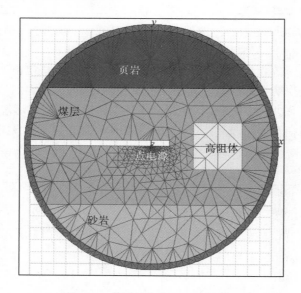

图 2-23 巷道前方高阻异常体模型

模型经正演模拟计算，绘制出电场强度(E)等值线图及矢量图和电流密度(J)等值线图及矢量图，据此求取正演计算电阻率(ρ)并与实际电阻率值进行比较分析。

正演模拟结果表明，受高阻体影响，电流线发生明显的"排斥"现象，从而引起整个空间电流场发生畸变。但各部分表现不尽相同：在采空区左侧，受"排斥"作用影响，电流线变得密集，高阻体内部变得稀疏；受高阻屏蔽作用，高阻体右侧电流线更加稀疏；高阻体四个拐角处，出现明显的电流集中现象(图 2-24、

图 2-25）。这些畸变电流场最终如何影响视电阻率变化，可通过绘制不同方向的
变化曲线加以分析。

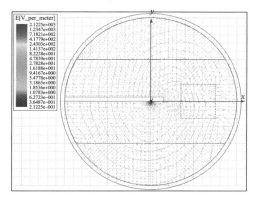 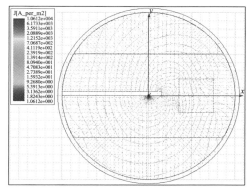

图 2-24 电场强度等值线图及矢量图 图 2-25 电流密度等值线图及矢量图

纵向上（$X=0$ 时），由于地电断面的存在，电流强度、电流密度和电阻率在
500mm 处，均出现明显的降低，其中顶板电阻率最小，其减小幅度更大（图 2-26）。

横向上（$Y=0$ 时），电流强度、电流密度左支基本保持完整；右支由于受巷道
和高阻体影响，曲线出现异常跳跃。异常一位于巷道迎头处（150mm），电流强度
和电流密度增大，电阻率保持不变。异常二位于迎头前方 200~600mm，电阻率
随之增大；随着距离增大，其影响逐渐变小（图 2-27）。

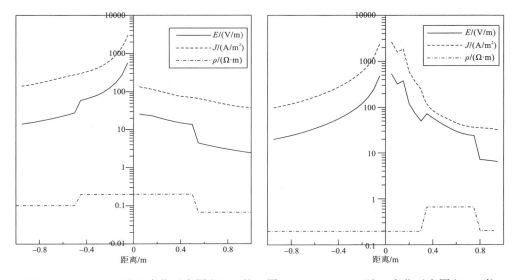

图 2-26 E、J、ρ 随 R 变化示意图（$X=0$ 时） 图 2-27 E、J、ρ 随 R 变化示意图（$Y=0$ 时）

视电阻率等值线表明(图 2-28,彩图见附录),受高阻体影响,在其四周出现小范围的低阻异常区,其他位置电阻率分布保持正常。

为讨论高阻体的影响程度,分别绘制两者间差值 ΔE 、 ΔJ 、 $\Delta \rho$ 等值线图(图 2-29~图 2-31,彩图见附录),并定义:

$$\Delta E = E_4 - E_2$$
$$\Delta J = J_4 - J_2$$
$$\Delta \rho = \rho_4 - \rho_2$$

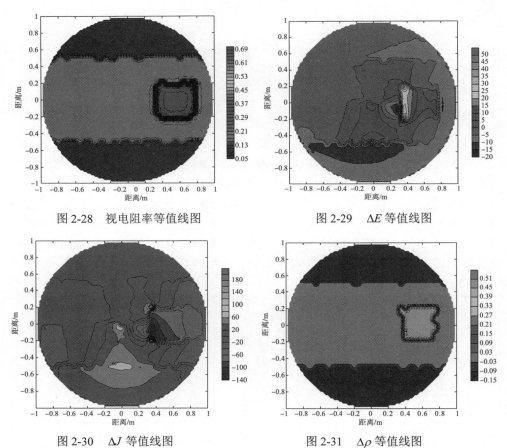

图 2-28　视电阻率等值线图　　　　　　图 2-29　ΔE 等值线图

图 2-30　ΔJ 等值线图　　　　　　图 2-31　$\Delta \rho$ 等值线图

由 ΔE 、 ΔJ 、 $\Delta \rho$ 等值线图可知,受高阻体影响,与未采空时相比,其电流强度、电流密度、电阻率均发生明显变化,但三者变化又不尽相同。受高阻"排斥"作用,高阻体左侧,电流强度和电流密度均降低;高阻体内部,电流强度升高而电流密度均降低;高阻体四个拐角处,出现明显的电流集中现象(图 2-29、图 2-30)。受此影响,除高阻体及其周围区域电阻率升高外,其他区域电阻率有所下降(图 2-31)。

2.2.5　巷道前方低阻异常体对电场影响模拟分析

　　为模拟不同规模含导水断层对电场和电阻率分布的影响，及其相互之间的影响，设计两带状低阻异常体(图 2-32)。异常体一距离迎头 200mm，宽 50mm，长 500mm，北东向倾斜 15°；异常体二距离迎头 550mm，宽 100mm，长 800mm，供电电压设为 100V。

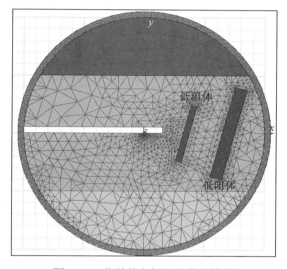

图 2-32　巷道前方低阻异常体模型

　　模型经正演模拟计算，绘制出电场强度(E)等值线图及矢量图和电流密度(J)等值线图及矢量图，据此求取正演计算电阻率(ρ)并与实际电阻率值进行比较分析。

　　正演模拟结果表明(图 2-33、图 2-34)，受低阻异常体影响，电流线发生明显的被"吸引"现象，从而引起整个空间电流场发生畸变。受低阻异常体带状影响，与正常点电场相比，电场强度明显减小，而电流密度明显增加。受异常体尺寸大小影响，异常体二电场强度和电流密度变化更加明显。低阻体内部电流沿走向流动，而异常体四个拐角处，出现明显的电流集中现象。畸变电流场最终将影响视电阻率变化。图 2-35、图 2-36 显示不同方向电场强度(E)、电流密度(J)及电阻率(ρ)随距离 R 的变化规律。

　　纵向上($X=0$ 时)，由于地电断面的存在，电流强度、电流密度和电阻率在 500mm 处，均出现明显的降低，其中顶板电阻率最小，其减小幅度更大(图 2-35)。

　　横向上($Y=0$ 时)，电流强度、电流密度左支基本保持完整；右支由于受巷道和两条低阻断层的影响，曲线出现明显的异常跳跃。异常一位于巷道迎头处

（150mm），电流强度和电流密度增大，电阻率保持不变；异常二位于迎头前方200mm 处，电流强度减小，电流密度增大，电阻率亦随之减小；异常三位于迎头前方 550mm 处，电流强度减小，电流密度增大，电阻率亦随之减小。由于低阻体的尺寸、位置不一样，异常三相对异常二，其电流强度、电流密度、电阻率变化幅度更大，随着距离增加，其影响逐渐变小（图2-36）。

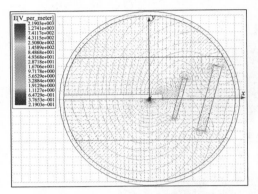
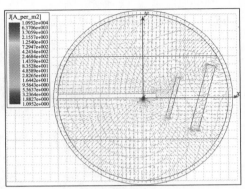

图2-33　电场强度等值线图及矢量图　　　　图2-34　电流密度等值线图及矢量图

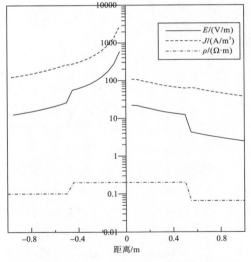
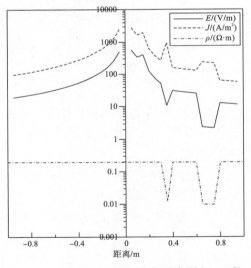

图2-35　E、J、ρ 随 R 变化示意图（X=0 时）　　　图2-36　E、J、ρ 随 R 变化示意图（Y=0 时）

　　视电阻率等值线（图2-37）表明，受低阻体影响，巷道前方出现两个明显低阻异常区，其他位置电阻率分布保持正常。
　　为讨论低阻体的影响程度，分别绘制两者间差值 ΔE、ΔJ、$\Delta \rho$ 等值线图，并定义：

$$\Delta E = E_5 - E_2 \quad \Delta J = J_5 - J_2 \quad \Delta \rho = \rho_5 - \rho_2$$

由 ΔE、ΔJ、$\Delta \rho$ 等值线图可知，受低阻断层影响，与无断层时相比，其电流强度、电流密度、电阻率均发生明显变化，但三者变化又不尽相同。受低阻体"吸引"作用，断层左右两侧，电流强度升高，而电流密度降低；低阻体内部，电流强度降低而电流密度均升高(图 2-38、图 2-39)；低阻体四个拐角处，出现明显的电流集中现象(图 2-40)。

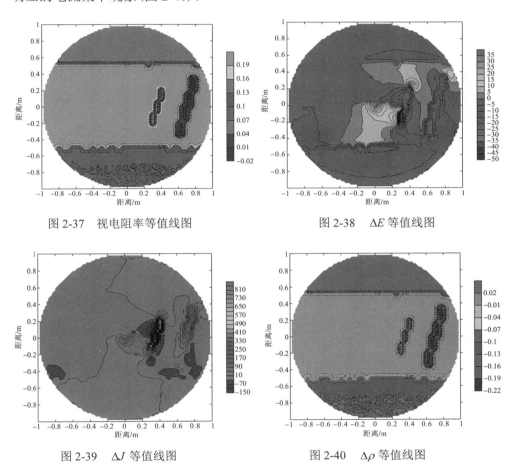

图 2-37　视电阻率等值线图　　　　　　　图 2-38　ΔE 等值线图

图 2-39　ΔJ 等值线图　　　　　　　图 2-40　$\Delta \rho$ 等值线图

2.2.6　全空间电场分布影响因素及异常体响应特征综合分析

综上所述，受巷道开挖影响，全空间电流场由同心环状分布变为螺旋状分布。且受巷道空腔影响，顶板电流强度、电流密度明显比底板小。右侧电流强度、电流密度在迎头附近出现明显跳跃增大，表明电场强度、电流密度在巷道迎头附近出现集中现象。而视电阻率在巷道开挖前后无明显变化。由于地电断面的存在，纵向上电流强度、电流密度和视电阻率在分界面处均出现明显的折射现象。顶板电阻率比底板大，其折射角度更大。横向上主要受低阻体影响，水平层状介质影响较弱。受低阻体"吸引"作用，低阻体内部，电流沿走向流动，电流强度降低而电流密度升高；低阻体外部，电流强度升高，而电流密度降低；异常体边角处，出现明显的电流集中现象。

与理想状态等电位相比，由于巷道及异常体的存在，电流强度和电流密度差值等位线略有畸变，前、后两侧距离并不对称相等，呈非正圆形。地下全空间等电位面为一非对称球面，掘进工作面前、后等电位面距供电电极并不完全相等，掘进工作面前方小于后方，其大小受工作面及顶底板视电阻率、巷道尺寸、异常体视电阻率及规模等综合影响（图 2-41）。在实际运用直流电法进行巷道超前探测时，应综合考虑上述因素对低阻体实际位置的影响，进而校正其位置偏差。

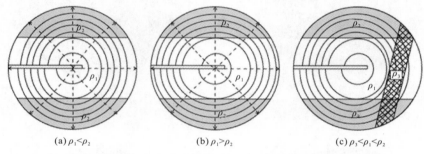

(a) $\rho_1 < \rho_2$ (b) $\rho_1 > \rho_2$ (c) $\rho_3 < \rho_1 < \rho_2$

图 2-41   非均匀介质中全空间等电位面示意图

在上述分析基础上，通过查阅和统计有关直流电法超前探测文献及实例（表 2-2），发现钻孔验证位置略小于物探解释位置，与数值模拟分析结果吻合，但仍需大量工程实践进一步分析验证。

表 2-2   直流电法超前探测结果对比分析统计表

序号	位置	解释位置	实际探放水情况	资料来源
1	鹤壁某矿-515 主巷南段	1 号异常位于 8m 处；2 号位于 28m 处	迎头位置打炮眼 1m，开始喷水；向前沿 5°方向探水钻至 9～10m 时出水 45m³/h，持续出水，停止掘进	王信文[*]
2	东庞矿 480 北翼运输大巷验证性探测	44～46m 处	F5 断层位于迎头前方 42m 处	王信文[*]
3	某矿一采区回风下山迎头	19～25m 处	17m 处岩层出现潮湿现象，20m 处开始涌水，随着钻探深度加大，水量不再加大	邱美成，等（2016）
4	神府煤田某矿 101 工作面回风顺槽	63m 附近	60m 处揭露断层断面，且 58～68m 处顶板破碎，有滴水现象	于善帅（2016）
5	某矿 11208 工作面回风巷掘进迎头	70～74m 处	钻进至迎头前方 71m 处，钻孔返水，水量 2m³/h。巷道掘进至 70m 时顶板出现破碎、滴淋水现象，掘进至 72m 时揭露一个落差为 2m 的断层	李冰（2015）

注：*指来源于王信文在会议中的多媒体汇报材料。

2.3　矿井直流电法超前探测实例分析

2.3.1　进风石门迎头直流电法超前探测分析

龙门峡南矿 490 中进风石门位于茅口组地层，茅口组为含水层，对矿井威胁较大，具可溶性，其岩溶裂隙、溶洞等不同程度相对发育，具良好的充水空间，为岩溶含水层。为探测施工前方是否存在水体及异常地质体，选用 YD32 高分辨率电法仪进行直流电法超前探测。

探测时，发射电极、接收电极尽量布置在一条直线上，尽量避开水体、铁器等物体。在 490 中进风石门距掘进迎头(B+100m)14m 处向外布置发射电极点(A_1、A_2、A_3)，电极间距为 4m，在距发射电极 A_3 4m 处开始向外依次布置接收电极(M、N)测点，电极间距为 4m，共布置 30 个接收电极点。

本次直流电法超前探测长度 122m，有效长度 108m。反演后电阻率值为41～207Ω·m，两者相差 166Ω·m，差值较大，易于判别(图 2-42)。根据物探结果，同时结合巷道围岩性质、水文情况及以往经验，在灰岩巷道中，将反演电阻率值小于 80Ω·m 的划定为低阻异常，可能出现含水构造及岩性变化。电阻率值大于 160Ω·m 的定为高阻异常，可能出现不含水破碎带、裂隙发育、空洞及岩性变化等。

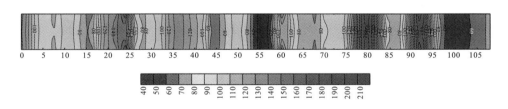

图 2-42　490 中进风石门物探等值线图

根据反演电阻率等值线图 2-42，有效反演深度内电阻率值低于 80Ω·m 的区段有三段，分别距离迎头 45m、55m、100m 处，此低阻异常区可能出现含水构造及岩性变化。电阻率值高于 160Ω·m 的区段有三段，距迎头 24m、80m、92m处，此段可能出现岩层破碎、空洞及岩性变化等构造。由于迎头浮矸未处理干净，同时金属管线较多，对物探数据的采集有一定的影响。成果图上出现一个视电阻率值相对较低的异常区，距迎头 55m 处，结合已揭露的地质资料，此相对异常区段出现地质异常构造的可能性较大，巷道掘进至此区段时，岩层出现破碎。

2.3.2　轨道顺槽直流电法超前探测分析

山西晋煤某矿工作面轨道顺槽正在掘进 9 号煤，探测位置东面为矿界，南部为未采区（可能存在采空区）。井田内可采煤层为山西组 3 号煤层及太原组的 9 号、15 号煤层。超前探测位置位于轨道顺槽 1152m 处。巷宽 4.1m，高 2.2m，锚杆锚网支护，综掘机退后 27m，迎头有少量涌水，迎头正中间与右帮距迎头 1m 处方位角 20° 位置各有 1 个探放水钻孔，均接排水钢管排水，钢管外露 1m 左右，迎头摆放一堆钻杆，3~5m 处有钻机、泵站、水管等铁器，迎头煤壁上有大量渗水，右帮距迎头 5m 处钻孔有出水，左右两帮 5m 范围内煤壁渗水，颜色为黄色。

由图 2-43 可知，在有效探测范围内发现低阻异常区 1 处，位于掘进头前方约 54~59m，结合地质资料及现场施工环境分析，推断该低阻异常为采空区积水或裂隙水。矿方于轨道顺槽 1152m 处施工超前探测钻孔，在 45m 处见空洞，并有老空水涌出，经测定，水压最大可达 0.2MPa，涌水量为 10~20m³/h。

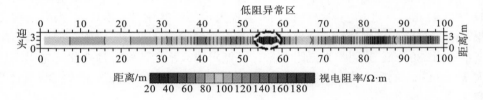

图 2-43　矿井直流电法超前探测成果图

第3章 高密度电法不同装置下异常体响应特征

高密度电法集电剖面和电测深为一体，采用高密度布点，将全部电极布置在剖面上，利用程控电极转换装置和电测仪实现数据快速自动采集，是地电断面测量的一种常规电阻率法勘查技术。其提供的数据量大、信息多、观测速度快，因此得到广泛应用(郑智杰，2018；王士鹏，2000)。由于高密度电法测量时可采用不同的电极排列方式，各排列方式对异常体的反应特征各不相同，即使同一地电模型，采用不同的排列方式测得的结果也有一定差异(欧阳永永 等，2011)。因此，如何根据目标体选择适当的装置形式至关重要，它直接关系到探测结果的解译及可靠程度。许多学者从装置形式(柳建新 等，2013；王爱国 等，2007)、数值模拟(金聪 等，2014；黄真萍 等，2012)、物理模拟(程久龙 等，2008)、反演算法及工程实践(周大永 等，2018；朱紫祥 等，2017；罗登贵 等，2014；齐宪秀 等，2012；邓帅奇 等，2012)等多个角度探讨了高密度电法的适用性，取得了大量研究成果。

王桦等(2008)利用钻孔内高密度电法，研究了温纳、偶极和微分三种装置形式在硐室开挖与支护后，围岩的变形程度与导电性的关系，为硐室支护方式选择提供依据。刘树才等(2009)正演模拟了煤层底板导水裂隙演化过程中的视电阻率响应特征，并运用高密度电法系统实时监测了底板在回采过程中的变化破坏情况，为底板水文监测和突水预防提供了依据。刘盛东等(2009)通过二维、三维物理模拟试验，详细阐述了并行电法勘探技术原理及其在矿井水害探查方面的应用。吴荣新等(2009)则利用双巷网络并行电法技术探测了工作面内薄煤区范围。邵振鲁等(2013)采用温纳等 5 种装置对煤层火烧高阻区进行了正演模拟后，选择温纳装置和施伦贝谢尔装置对火烧区进行实测，验证了高密度电法探测高阻异常区的有效性。余金煌等(2014)进行了高密度电法温纳装置、偶极装置、微分装置和施伦贝谢尔装置探测水下抛石体的正反演模拟研究。李彬等(2015)探讨了高密度电法三电位电极系在模拟起伏基岩面、充水断层破碎带及充填型地下溶洞或采空区等地质异常体的探测效果。郑智杰等(2016)利用水槽试验模拟分析了不同装置和电极距对岩溶管道的响应和影响，提高岩溶区高密度电法找水的勘探效果。宋吾军等(2016)则进一步分析了不同装置形式对煤田火区燃烧中心温度、埋深的敏感性。

经过几十年的发展，高密度电法由最初的单一装置逐渐发展到了至今十几种电极排列装置，并继续扩展，丰富的数据采集装置类型能够满足不同类型地质目标探测和勘察任务。但矿井运用高密度电法时，关于矿井地质条件、现场干扰因素、井巷施工条件以及装置形式选择等对探测结果的影响尚无相关研究。因此，通过建立适当的数学、物理地电模型，进行正演和反演对比研究，对高密度电法不同装置形式的应用效果进行分析评价，为高密度电法施工装置的形式选择和结果解释提供依据。

3.1　高密度电法正、反演基本原理

正演问题一般属于解数学物理方程问题，它根据给定的数学物理模型或参数计算出结果；反演问题则由观测数据通过适当的方法计算数学物理模型参数来重建数学物理模型。它们是地球物理中普遍存在的两个相辅相成的问题。电阻率正演模拟常用方法为有限差分法、边界单元法和有限单元法三种。

3.1.1　二维高密度电法正演原理

有限差分法和有限单元法在高密度电法正演中普遍使用，模拟结果差异不大，有限单元法对复杂模型的适用性和精细度更高一些，故本次正演模拟采用有限单元法。其基本原理是利用变分原理把所要求解电位的偏微分方程转化为相应的变分问题，即对所谓的泛函的极值问题进行求解。与有限差分法类似，通过将求解区域按一定规则网格化，并进行线性插值，使连续的求解区域离散化，进而在各网格单元上近似地将变分方程离散化，并通过单元分析和总体合成，导出以各节点电位值为未知量的高阶线性方程组，最后利用边界条件求解由总矩阵组成的线性方程组计算出各节点的位、场值，通过傅里叶逆变换计算各单位节点电位，即可得到地下半空间场的分布特征(李美梅，2010)。对于点电源二维地电条件，所求解的稳定电流场的边值问题为

$$\frac{\partial}{\partial x}\left(\sigma\frac{\partial V}{\partial x}\right)+\frac{\partial}{\partial z}\left(\sigma\frac{\partial V}{\partial z}\right)-\lambda^2\sigma V=f_1$$

$$\left.\frac{\partial V}{\partial n}\right|\Gamma_1=0$$

$$\left.\left(AV+\frac{\partial V}{\partial n}\right)\right|\Gamma_2=0$$

其等价的变分问题为下式：

$$J(V) = \iint_s \left\{ \sigma \left[\left(\frac{\partial V}{\partial x} \right)^2 + \left(\frac{\partial V}{\partial z} \right)^2 + \lambda^2 V^2 \right] + 2 f_1 \cdot V \right\} ds + \int_{\Gamma_2} \sigma A V^2 dl$$

求解出变换电位 V 后，通过傅里叶逆变换可计算电位 $U(x, y, z)$：

$$U(x, y, z) = \frac{2}{\pi} \int_0^\infty V(x, \lambda, z) \cos(\lambda z) d\lambda$$

以上各式中，$f_1 = -I\delta(x - x_k, \ z - z_k)$；$V$ 为电位；$\partial V / \partial n$ 为电位的法向导数；I 为电流；σ 为电导率；λ 为空间波数；δ 为狄拉克函数；x_k、z_k 为电源点坐标；s 为求解区域；Γ_1、Γ_2 为求解区边界。

3.1.2　高密度电法最小二乘法反演原理

高密度电法反演问题是地球物理中最普遍的问题，其目的是根据观测信号推断地球内部的物理状态。由于地球物理反演成像问题是不适定的，其反演结果具有非唯一性，即不同的地电模型的响应数据与观测数据具有相同的精度拟合。为改善解的稳定性和非唯一性问题，通常引入正则化思想，其总目标函数可表达为

$$P^\alpha(m) = \left\| \left[d^{\text{obs}} - F(m) \right] \right\|^2 + \alpha \left\| W_m(m - m^{\text{ref}}) \right\|^2$$

式中，$P^\alpha(m)$ 为总目标函数；d^{obs} 为观测数据；$F(m)$ 为正演响应函数；α 为正则化因子；W_m 为光滑度矩阵；m^{ref} 为先验模型。

目前高密度电法反演利用较多的是基于圆滑约束的最小二乘法反演，其迭代方程式如下：

$$m^{k+1} = m^{\text{ref}} + (J^{k\text{T}} J^k + \alpha W_m^{\text{T}} W_m)^{-1} J^{k\text{T}} \left[d^{\text{obs}} - d^k + J m^k - J m^{\text{ref}} \right]$$

其中，m^k 为第 k 次迭代值；J^k 为雅可比灵敏度矩阵；$J^{k\text{T}}$ 为其转置矩阵；解上述方程组可得到模型修正量 $\Delta m (\Delta m = m^{k+1} - m^k)$，将其代入预测模型参数中重新计算得到新的模型参数，重复该过程直至总目标函数符合设定的均方误差（RMS）即停止迭代计算，并输出计算结果（黄真萍 等，2013）。

3.2　二维高密度电法不同装置条件下异常体探测模拟分析

3.2.1　地电模型设计

瑞典 M.H.Lock 的二维、三维电阻率法和激发极化法正、反演程序的效果较好，被国内外大多数公司和单位使用。本次正演模拟选择 M.H.Lock 开发的

Res2dmod 软件，该软件提供了有限差分和有限元两种计算方法，本次采用有限元法进行模拟计算。模型长、宽根据异常体尺寸、埋深、电极距和总电极数进行设计，长度方向网格等间距划分，深度方向按梯度逐渐递增，从而将模型分割成一系列模块。通过对不同模块单独赋值，各矩形网格节点及内部视电阻率被定义。基于位和场的偏微分方程，将电位的偏微分方程转化为泛函的极值问题(泛函的变分问题)去求解，根据电场所满足的偏微分方程以及边界条件，建立相应的变分方程后，进而在各单元上近似地将变分方程离散化，并通过单元分析和总体合成，导出以各节点电位值为变量的线性方程组，解此方程组便可求得各节点的位、场值，通过傅里叶逆变换计算各单位节点电位，得到地下半空间场的分布，以表征稳定电流场的空间分布(罗登贵 等，2014)。

正演时，通过控制模型文件参数，改变网格在深度方向的划分，观测系统参数(包括模拟实测电极总数、电极距、模拟数据层数)、单位电极间网格节点数及模型电阻率值等，以此实现视电阻率的正演计算。在计算过程中，对于每一个电极位置，程序均计算了当其为供电电极时所有其他电极的电位，所以计算完成以后，能得到任何一种装置的视电阻率值。图 3-1 为 Res2dmod 软件提供的多种不同装置形式。

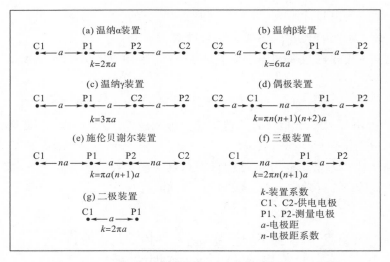

图 3-1　Res2dmod 软件提供的 7 种装置电极排列示意图

高密度电法测量得到的数据是各个电极在不同位置时测得的视电阻率，还需要对数据进行反演，计算出地下电阻率并以图件形式显示，直观反映地下介质电阻率变化。本次反演使用的是 M.H.Lock 开发的 Res2dinv 二维反演程序中的最小二乘法。最小二乘法是以偏差平方和最小为原则，本次反演过程中通过反复迭代，约束均方误差，控制其精度，当误差达到允许范围内时停止迭代，得到反演电阻率断面图。为对比不同地电条件、不同类型异常体、不同装置条件下，各异常体响应特征，分别设计均匀介质、低阻覆盖、高阻覆盖条件下两相邻的高、低阻异常体地电模型[图 3-2(a)]。

其中，均匀介质模型水平宽度为 56m，电阻率为 50Ω·m；两水平相邻的高、低阻异常体相距 5m。高阻体位于 20～23m，埋深 3.3～6.1m，电阻率 1000Ω·m；低阻体位于 28～30m，埋深 5.1～7.3m，电阻率 10Ω·m。低阻覆盖模型覆盖层厚度 0.8m，电阻率为 10Ω·m；高阻覆盖模型覆盖层厚度 0.8m，电阻率为 200Ω·m，其他参数与均匀介质模型相同。

模型经正演计算视电阻率后，运用 Res2dinv 软件进行二维反演，并添加了 5%的随机噪声，正演后的误差为 2.7%。设置 $a=1$，$n=48$，不同装置形式的正、反演电阻率剖面对比如图 3-2 所示。

3.2.2　正演模拟结果对比分析

(1)同一装置、不同地电模型时。低阻覆盖条件下正演视电阻率最低，高阻覆盖时视电阻率最大，且最大、最小视电阻率间差值最大；均匀介质时正演视电阻率值介于前两者之间，且最大、最小视电阻率差值最小。通过视电阻率等值线对比分析可知，均匀介质条件下异常体响应最明显，异常体易于识别；低阻覆盖时等值线变平缓，异常体反应不明显；高阻覆盖时，由于浅部高阻屏蔽作用，视电阻率变化跨度较大，深部视电阻率变化较小，异常体识别困难。

(2)同一地电模型、不同装置时。从正演深度看，当测线长为 56m，温纳 β 装置正演深度 7.5m，正演深度最小；温纳 α 装置为 9.2m，温纳 γ 装置为 10.8m，偶极装置为 10.4m，三极装置为 10.1m，正演深度中等；二极装置为 16.5m，施伦贝谢尔装置为 17.2m，正演深度最大。

(3)同一地电模型、同一装置、不同异常体之间的差异。正演计算的视电阻率体积效应大，由于高、低阻覆盖条件下，异常体反应不明显，故选择均匀介质条件分析。在均匀介质条件下，二极装置、偶极装置、施伦贝谢尔装置、三极、温纳 β 装置对异常体均有反应；温纳 α 装置对高阻有反应；温纳 γ 装置正演效果较差。

通过对不同地电条件、不同装置的正演模拟结果对比分析表明(图 3-2)，不同装置对目标异常体均有一定的异常响应，但受网格划分精细程度、电极排列方式、数据覆盖范围及数量、装置分辨率及抗干扰能力、异常体埋深及其与介质电阻率差异大小等因素影响，正演结果无法准确反映异常体特征。

3.2.3　反演模拟结果对比分析

(1)同一装置、不同地电模型时。与正演模拟结果一致，低阻覆盖条件下反演电阻率最小，高阻覆盖时反演电阻率最大，且最大、最小电阻率间差值也最大；均匀介质时反演电阻率值介于前两者之间，且最大、最小电阻率差值最小。通过电阻率等值线对比分析可知，均匀介质条件下反演电阻率等值线凌乱，浅部容易出现假异常；高、低阻覆盖时，等值线变平缓，对高、低阻异常体均有明显响应。

（2）同一地电模型、不同装置时。从正演深度看，当测线长为 56m 时，温纳 β 装置反演深度为 7.16m，反演深度最小；温纳 α 装置为 9.12m，温纳 γ 装置为 10.5m，偶极装置为 9.17m，三极装置为 10.5m，反演深度中等；二极装置为 17.6m，施伦贝谢尔装置为 18.1m，反演深度最大。正、反演结果具有一致性。

（3）同一地电模型、同一装置、不同异常体之间的差异。在不同模型条件下，反演结果均能有效识别异常体所在位置。相比较而言，温纳 α 装置水平分层较好，对高阻异常反应更明显，对低阻体反应较弱，但低阻覆盖时，高阻体反演深度偏小；温纳 β 装置对高、低阻异常体均有响应，反演深度基本准确，但高阻体形态好于低阻体；温纳 γ 装置与温纳 β 装置反演结果相似，对低阻体的响应不如高阻体；二极装置条件下，低阻覆盖效果不如其他两种情况，且低阻体反演深度偏大；偶极装置条件下，对两异常体反演深度和形态最好，但高阻覆盖时不如其他两种，低阻覆盖时效果最好；施伦贝谢尔装置对两异常体均有较明显反应，且高阻覆盖优于低阻覆盖优于均匀介质；三极装置条件时，在三种情况下，对两异常体均有明显反应，反演深度和形态较好，易于识别。

综合分析，在总电极数一定的情况下，不同装置形式由于电极排列方式不同，不仅其采集的数据总量不同，其垂直方向和水平方向上采集的数据分布特征也不一样。温纳装置水平方向和垂直方向采集数据分布最均匀，装置系数最小，故温纳装置信号及抗干扰能力最强，信噪比最高，但受数据采集方式影响，其垂直方向分辨率优于水平方向分辨率。从模拟结果看，温纳 β 装置优于温纳 γ 装置优于温纳 α 装置。偶极装置水平方向数据覆盖较垂直方向覆盖均匀，故水平方向分辨率最高，其正、反演结果很好地印证了这一特点，尤其反演结果有效抑制了干扰信号，准确显示了异常体的位置、大小和形态，但随着隔离系数增大，其信号会变弱，影响垂直方向分辨率[图 3-3（d）]。施伦贝谢尔装置模拟结果与温纳 α 装置模拟结果极为相似，但其水平方向对低阻异常的分辨率较温纳 α 装置强，但该装置测量电极始终保持同一个电极间距，信噪比相对较低，抗干扰能力较差[图 3-3（e）]。二极装置勘探深度最大，但信号也最弱，水平方向和垂直方向分辨率最低，其反演的异常体大小和形态也最差，由于两个电极要布置在无穷远处，故一般情况下很少采用[图 3-3（f）]。三极装置信号比二极装置强，水平方向和垂直方向分辨率有较大提高，所以综合考虑分辨率和信号强度及勘探深度等因素，三极装置应为比较好的折中方案[图 3-3（g）]。

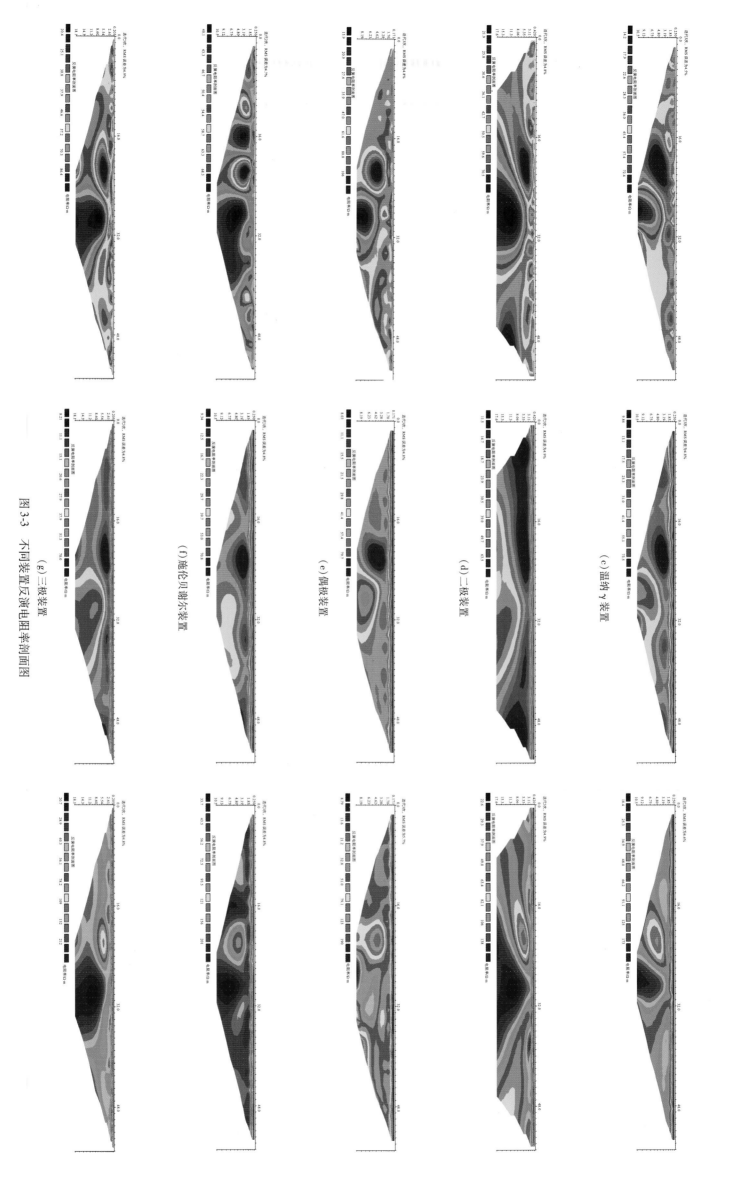

（c）温纳 γ 装置

（d）三极装置

（e）偶极装置

（f）施伦贝尔装置

（g）三极装置

图 3-3　不同装置反演电阻率剖面图

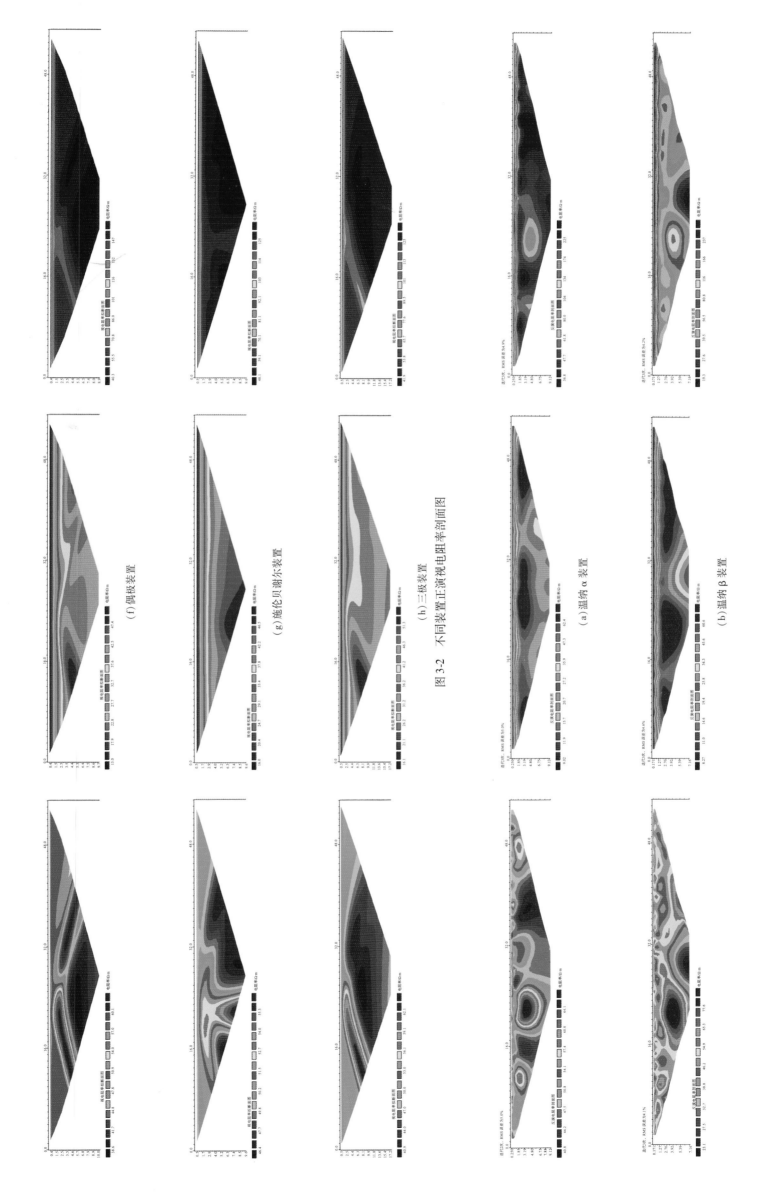

（f）偶极装置

（g）施伦贝谢尔装置

（h）三极装置

（a）温纳 α 装置

（b）温纳 β 装置

图 3-2　不同装置正演视电阻率剖面图

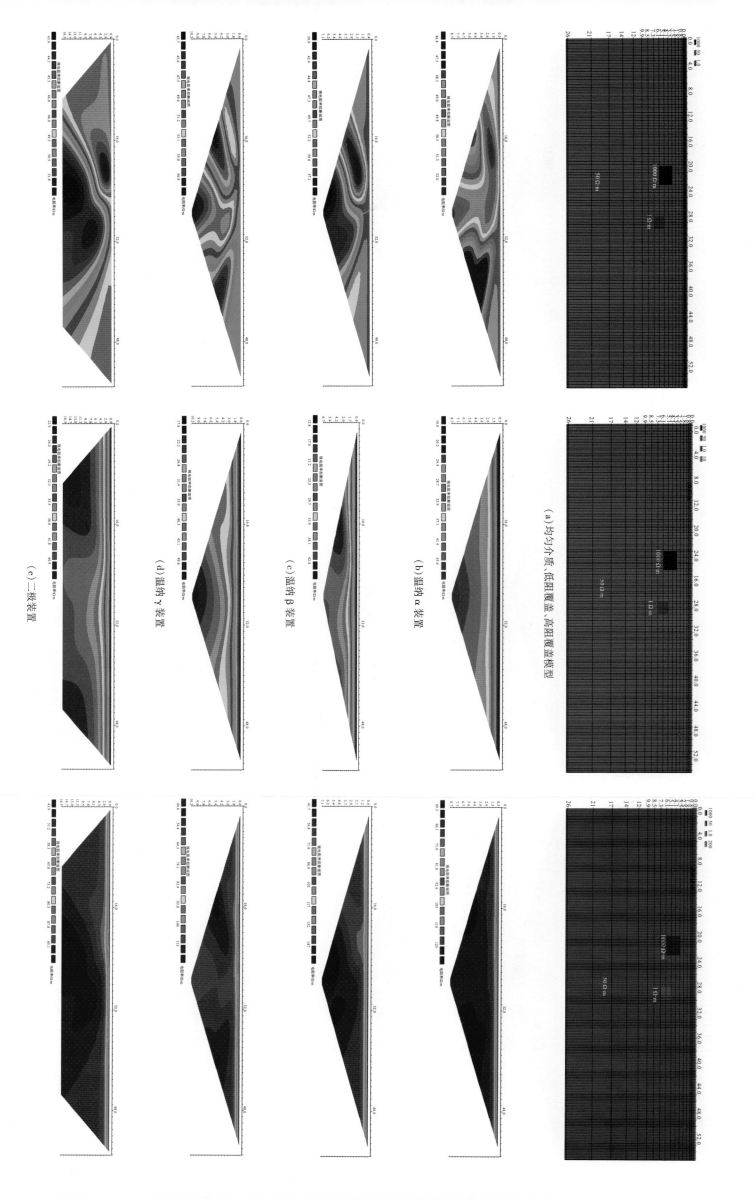

（a）均匀介质、低阻覆盖、高阻覆盖模型

（b）温纳α装置

（c）温纳β装置

（d）温纳γ装置

（e）二极装置

3.2.4　不同装置的灵敏度、分辨率及勘探深度分析

通过对理论地电模型正、反演结果分析可看出，不同装置在探测电阻率异常体的灵敏度上存在一定的差异。

温纳装置对于垂向的电阻率变化比较敏感，可以很好地对地下进行分层，而且它的信号强度比较大，可以在背景噪声较大的情况下进行探测。但是，温纳装置对于水平变化的分辨能力比较弱，不适合分辨垂向结构的物体。

对于偶极装置，它的优点是水平分辨率比较高，而且此装置在电流与电位回路之间的电磁耦合很小，所以也经常用来激发极化。但当隔离系数变大时，它的信号会变得很弱，对于相同电流，当隔离系数增大时，所测到的电压逐渐减小。当需要探测的异常体为垂直结构，并且电极均有良好接地时，应该采用偶极装置。

施伦贝谢尔装置水平分辨率介于温纳与偶极装置之间，如果异常体为水平结构和垂直结构相互交错的时候，可以采用水平与垂直均良好收敛的施伦贝谢尔装置。

二极装置不太常用，它能探测到很深的距离，水平的覆盖范围也很大，但是因为 P1 和 P2 的远离，会接收到许多大地噪声而降低观测质量，而且它的分辨率很差。

三极装置信号比二极装置稍强，当系统电极数很少时，可以采用水平收敛比偶极装置还好的三极装置。三极装置可作为在分辨率和信号强度之间进行折中的不错选择。

在相同条件下，不同装置的勘探深度二极装置最大，其次为三极装置，接下来为偶极装置，再次为温纳 γ 和施伦贝谢尔装置，最后是温纳 α、β 装置。

高密度电法不同装置对异常地质体探测都有一定的异常响应，但在勘探深度、分辨率及信号强度等方面存在差异。在特定的地质条件下，要根据勘探目的、精度及深度等要求选择合适的装置类型。同时，最好选用两种或两种以上的装置进行勘探，通过对比分析，提高异常解释的精度和可靠度。

3.3　高密度电法不同装置水槽试验对比分析

室内水槽模型试验是电阻率法中常用的物理模拟方法，该方法具有操作方便、成本低、使用方便的特点。因此，在电法研究中常被用于电阻率法试验模拟。国内学者在电阻率法室内水槽模型试验中取得了可喜的进展。为进一步验证

和对比分析高密度电法中不同装置对异常体的响应特征,结合正演模型设计如图 3-4 所示的水槽试验装置,并将试验结果与数值模拟结果进行对比研究,可以进一步提高对高密度电法中不同装置的探测效果的认识。

3.3.1　水槽试验装置设计

选用的试验水槽模型长、宽、高为 1.2m×0.8m×0.6m。仪器原配电极改用自制的长 0.05m 的铁钉,电极被固定于塑料板上,相邻电极的距离设为 0.02m,布设的电极总数为 56 根,实际测量时可以根据需要选取电极的使用数量。水槽试验时,电极的接触方式对试验的影响较大,若电极插入水中的部分过深,电极在供电时,电流的分布形式将以线源分布,这与野外实际勘探不符。故本次试验在保证接触效果的基础上,实现接触面积的最小化(即电极以点式接触水面),实现电极供电、接电时电流的点电源的分布形式。电极的布设如图 3-4 所示。

24~26 号电极下布置一直径 8cm 的充气皮球,深度约 10cm,模拟水中高阻体;35~37 号电极下布置一直径 6cm 的圆柱形铁块,埋深约 12cm,模拟水中低阻体。水槽中溶解少量食盐,以增强导电性。

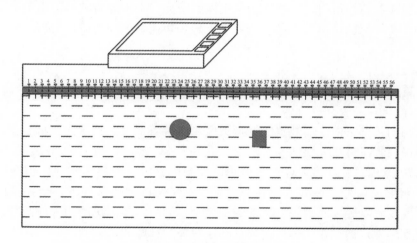

图 3-4　水槽试验装置示意图

3.3.2　数据解译与对比分析

模型布置好后,分别采用温纳装置、施伦贝谢尔装置、偶极装置和三极装置进行数据采集。原始数据经 Res2dinv 软件反演后,绘制各反演电阻率剖面等值线,如图 3-5(彩图见附录)所示。

迭代2次，RMS 误差为40.1%

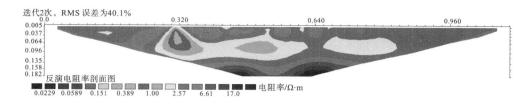

(a)温纳 α 装置

迭代3次，RMS 误差为39.7%

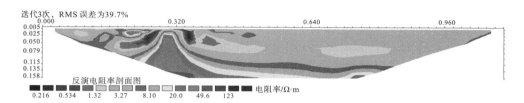

(b)施伦贝谢尔装置

迭代5次，RMS 误差为61.0%

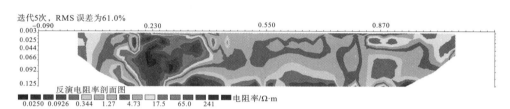

(c)偶极装置

迭代5次，RMS 误差为38.9%

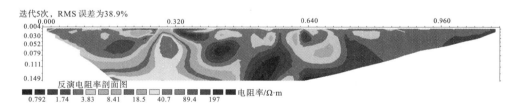

(d)A 三极装置

迭代5次，RMS 误差为50.6%

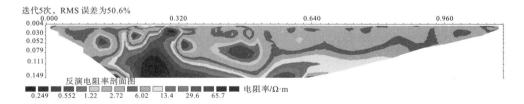

(e)B 三极装置

图 3-5　不同装置实测、计算、反演视电阻率剖面图

水槽试验结果表明(图 3-5),温纳装置层状结构最明显,表明其具有较大的垂向分辨率,而对于水平方向分布的异常体反应不明显,分辨率较差,其余装置形式对高阻体的响应均优于低阻体[图 3-5(a)]。其中,偶极装置反演的最大、最小电阻率分别为 241Ω·m 和 0.03Ω·m,为所有装置之最,其对水平方向分布的高、低阻异常均有反应,表明偶极装置具有最高的水平分辨率,而垂向分辨率则不如温纳装置,且反演深度小[图 3-5(b)]。施伦贝谢尔装置在继承温纳装置垂向分辨率基础上,提高了水平方向的分辨率,对高阻体有明显响应[图 3-5(c)]。由于三极装置的不对称性,A 三极(B 接∞远)和 B 三极(A 接∞远)反演结果亦不相同,且为非对称的倒梯形剖面,会破坏对称结构的对称性,但在测线长度相同的情况下,三极装置勘探范围和深度更大,"倒三角"的勘探盲区更小,当综合考虑勘探场地、勘探深度时,可优先选用该装置[图 3-5(d)、图 3-5(e)]。以上分析表明,水槽试验结果与数值模拟结果虽略有差异,但各装置的勘探特征基本是吻合的。

3.4　矿井工作面底板电法勘探效果分析

某矿 1415A 工作面为 A 组煤西二采区工作面,工作面走向长 1578m,倾向长 238.6m,煤厚 5.4~8.8m,平均煤厚 7.1m。工作面掘进期间,在断层带及裂隙带出现多处淋水现象,最大出水量 4m³/h。工作面底板法距 20m 发育太原组灰岩含水层,在断层带及裂隙发育处,可能沟通灰岩含水层,导致底板灰岩水大量涌出,威胁工作面生产。为确保工作面安全回采,拟利用该工作面两顺槽、底抽巷和-566m 疏水巷开展综合物探工程。查明和圈定 1415A 工作面煤层底板以下 50m 范围的低阻异常区及富水区,为指导工作面防治水工作提供基础和依据。

3.4.1　井下探测方案设计

由于工作面顺槽底板为煤层,电阻率较高,-566m 疏水巷、底抽巷底板为砂岩,电阻率相对较低,与上述正演模型设计一致。在上述正演、反演对比分析基础上,综合考虑各电法装置分辨率、反演深度、现场施工条件,选择三极装置开展数据采集和反演解释。

1.工作面底板岩巷电法探测

利用 1415A 工作面底板两条岩巷,即 1415A 底抽巷、-566m 疏水巷布置测线,底抽巷测线测点自联巷交点向外 1500m,疏水巷测线测点自联巷交点向外

1515m(图 3-6)。采用 64 道电法仪进行数据采集,测点距 5m,每个测站控制测线长 315m,站与站间测线重叠 16～20 个电极不等,每条巷道施工 6 站,共 12 站数据采集。

2.工作面顺槽电法探测布置

利用 1415A 工作面轨道顺槽及运输顺槽布置电法测线(图 3-7)。轨道顺槽测线起点距离巷道口 35m,测点距 5m,共 292 个测点,测线长度 1450m,共 7 站,每站重合 23 个测点;运输顺槽测线起点距离巷口 25m,测点距 5m,共 288 个测点,测线长度 1430m,共 7 站,每站重合 23 个测点。

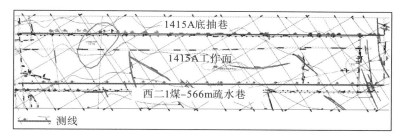

图 3-6　1415A 工作面底板岩巷电法探测测线布置

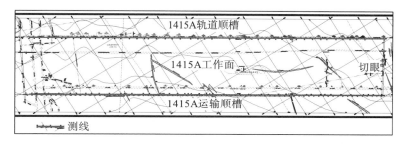

图 3-7　1415A 工作面底板顺槽电法探测测线布置

3.4.2　电法资料分析与解释

原始数据经反演处理后获得相应电阻率成果剖面,结合矿井地质资料、水文地质资料及疏水情况,对电法探测资料进行解释分析,主要针对煤层底板 50m 深度范围内的低阻异常区进行圈定和解释分析。反演电阻大小以不同颜色表示,低电阻率用蓝、绿等冷色调表示,高电阻率以红、黄等暖色调表示。

(1)-566m 疏水巷、底抽巷反演结果分析

图 3-8(彩图见附录)为底抽巷和疏水巷电阻率剖面图,反映了巷道下方煤岩层电性的变化。

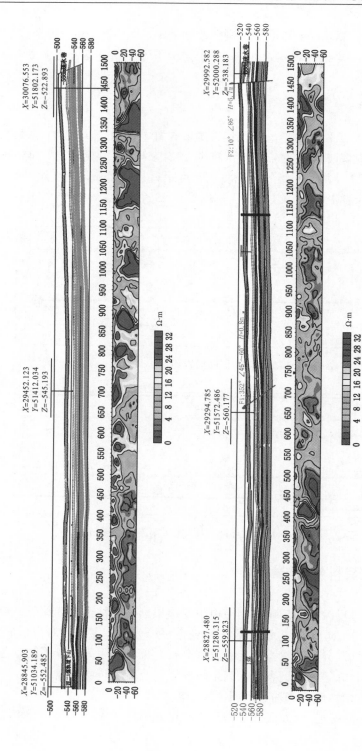

图3-8　-566m疏水巷、底抽巷电阻率等值线图

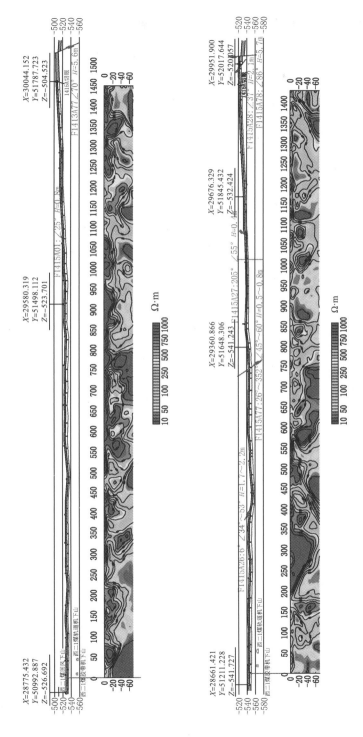

图3-9　工作面顺槽电阻率等值线图

1415A 底抽巷和疏水巷电法电阻率范围为 1～34Ω·m，不同部位电阻率差异较大。由-566m 疏水巷、底抽巷电阻率等值线图(图 3-8)可知：随着深度的增加，地层富水性逐渐增强；-566m 疏水巷低阻异常区较底抽巷低阻异常区多；由南到北，低阻异常区逐渐减少，低阻异常区主要集中在工作面南侧(收作线附近)。

岩巷直流电阻以低于 6Ω·m 为标准解释低阻异常。根据上述原则，共圈定 7 处岩巷电阻低阻异常区。-566m 疏水巷低阻异常区分别位于 200～250m、350～400m、880～940m、1100m、1420～1430m 等处；底抽巷低阻异常区分别位于 0～190m、200～250m、1350～1400m 处。

(2)工作面顺槽反演结果分析

图 3-9(彩图见附录)为轨道顺槽和运输顺槽电阻率剖面图，反映了工作面底板下方煤岩层电性的变化。由工作面顺槽电阻率等值线图(图 3-9)可知：反演电阻率范围为 1～1000Ω·m，明显高于-566m 疏水巷、底抽巷反演电阻率值，可能是由于煤层的高阻屏蔽作用导致，这与正演模拟结果一致。工作面顺槽电法反演结果表明：①工作面顺槽电阻率低阻异常区较-566m 疏水巷、底抽巷少；②工作面顺槽两侧的电阻率低阻异常较中部多，运输顺槽低阻异常区较轨道顺槽多。根据相对电阻率划分异常区范围，轨道顺槽低阻异常区分别位于 0～50m、220～330m、400～450m，运输顺槽低阻异常区分别位于 0～50m、550m、900～950m、1150～1250m 处。

3.4.3   电法探测结果综合分析

图 3-10(彩图见附录)为工作面底板下方 10m、16m、26m、40m、50m 不同深度的电阻率水平切片图。整体可见自岩巷底板下 0～16m 段电阻率明显大于深部 16～50m，与相应地层对比，反映了一灰、二灰、三灰上地层电阻率高，富水性弱。

三维电法切片表明，在煤层高阻屏蔽作用下，电阻率值普遍偏高，但低阻异常依然明显。随着深度的增加，地层富水性逐渐增强；由南向北，低阻异常逐渐减少，低阻异常主要集中在工作面外侧 1150～1450m 范围内。0～16m 范围内低阻异常较弱，而深部 26～50m 存在范围较大的低阻异常区，并以 40m 和 50m 切片为主对低阻异常区在平面上的位置进行圈定。

经 C3III 组测压孔透孔至 98m 深处开始出水，初始水量为 10m³/h，钻孔加固关闭前水量为 100m³/h，关闭后孔口水压为 5.1MPa，表明在兼顾测深要求和场地限制条件下，电法探测结果能够达到预期的效果，为矿井水防治提供了决策依据。

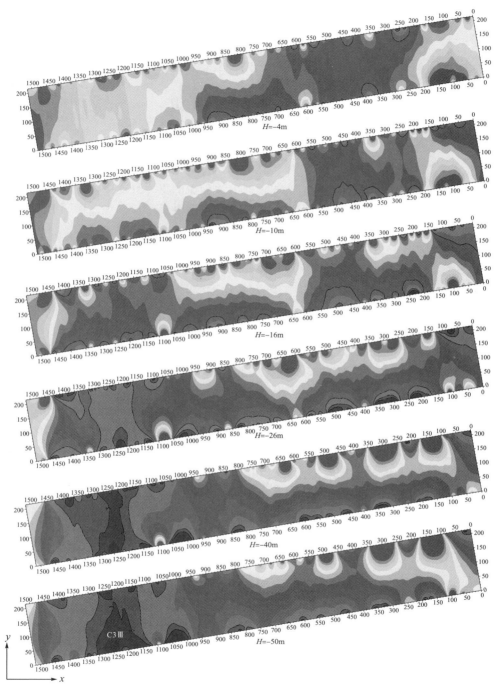

图 3-10　不同深度三维电法切片图

第4章 地质异常体瞬变电磁法 (TEM) 响应特征

电磁法(或称电磁感应法)是地球物理电法勘探的重要分支。该方法主要利用地下介质的导电性、导磁性和介电性差异,应用电磁感应原理观测和研究人工或天然形成的电磁场的分布规律(频率特性和时间特性),进而解决有关的各类地质问题(柳建新 等,2012)。可以从不同角度对电磁法进行分类,按观测方式可以分为电磁剖面法和电磁测深法;按工作场所可以分为地面、航空、井中和海洋电磁法等;按场源形式可以分为人工场源(主动源)和天然场源(被动源);按电磁场性质可以分为频率域电磁法和时间域电磁法。

时间域电磁法(time-domain electromagnetic method)或称瞬变电磁法(transient electromagnetic method),都缩写为 TEM,是一种建立在电磁感应原理基础上的时间域人工场源电磁探测方法。频率域电磁法(frequency-domain electromagnetic method,FEM)也是建立在电磁感应原理基础上观测研究响应场的方法,它研究的是响应场与频率的关系。TEM 与 FEM 的机理没有本质的不同,两者都通过傅里叶变换关系相互关联。然而,就一次场对观测结果的影响而言,两者却截然不同。FEM 研究一次场背景上的二次场,地形、工作装置参数改变、地表层电阻率不均匀及一次场的背景值等都会对观测结果带来不可忽略的影响;TEM 则研究一次脉冲磁场的间歇期间的二次场(纯异常响应),大大地简化了对异常响应的研究,具有更高的探测和分辨能力(牛之琏,1992)。本章主要阐述地质异常体在瞬变电磁场条件下的响应特征。

4.1 瞬变电磁法基本原理

瞬变电磁法是以地下岩土体的导电性与导磁性差异为基础,观测和研究电磁场空间与时间分布规律,以探测地下地质构造、解决地质问题的物探方法。它利用不接地回线向巷道周围空间发射一次脉冲磁场,在一次场间歇期间,利用接收线圈观测二次涡流场的空间和时间分布,简单地说,瞬变电磁法的基本原理就是电磁感应定律(李国才 等,2013;蒋大青,2012)(图 4-1)。由于其体积效应小、方向性强、分辨率高、对低阻区敏感、施工快速，可以有效地探测巷道周围或地面一定深度下的富水区域，已成为煤矿水害探测的最佳选择。

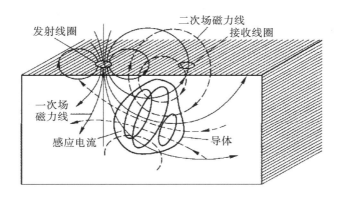

图 4-1　局部导体的电磁感应模型

其基本方法是在电导率为 σ，磁导率为 μ_0 的介质敷设面积为 S 的矩形发射线圈，在回线中供以斜阶跃脉冲电流(图 4-2)。

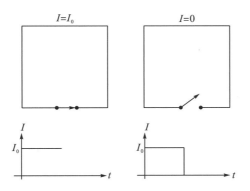

图 4-2　斜阶跃脉冲电流产生示意图

电流断开之前，在发射线圈中供以谐变电流，便在线圈周围产生一次谐变磁场。在一次谐变磁场作用下，在线圈周围还产生涡旋电场。在涡旋电场作用下，地下良导地质体中形成感应电流。地质体中的感应电流又在其周围空间产生二次场(除了感应产生的二次场之外，在磁性介质中还会产生磁化二次场)，二次场与一次场形成总磁场。二次场仍然要作用于良导地质体，事实上，可以认为地下良导地质体产生的二次场是在总磁场作用下产生的。

在 $t=0$ 时刻，将电流突然断开，由该电流产生的磁场也立即消失。一次场的这一剧烈变化通过空气和地下导电介质传至回线周围大地中，并在大地中激发出感应电流以维持发射电流断开之前存在的磁场,使空间磁场不会立即消失。由于介质的欧姆损耗,这一感应电流将会迅速衰减,这种迅速衰减的磁场又在其周围的地下介质中感应出新的强度更弱的涡流,这一过程场继续下去,直至大地的欧姆损耗将能量消耗完为止。这便是大地中的瞬变电磁过程场,伴随这一过程场存在的电磁场就是大地的瞬变电磁场(杨振威 等,2011)。

由于电磁场在空气中传播的速度比导电介质中传播的速度大得多,当一次电流断开时,一次场的剧烈变化首先传播到发射回线周围地表各点,因此,最初激发的感应电流局限于地表。地表各处感应电流的分布也是不均匀的,在紧靠发射回线一次场最强的地表处感应电流最强。随着时间的推移,地下的感应电流便逐渐向下、向外扩散,其强度逐渐减弱,分布趋于均匀。

美国地球物理学家 M.N.Nabighan 对发射电流关断后不同时刻地下感应电流场的分布进行了研究,其结果表明,感应电流呈环带分布,涡流场极大值最先位于紧靠发射回线的地表下,随着时间的推移,该极大值沿着与地表呈 30°倾角的锥形斜面向下、向外移动,强度逐渐减弱(于景邨 等,2007;熊彬,2005;徐凯军 等,2004;谭捍东 等,2003;苏朱刘 等,2002)。任一时刻地下涡旋电流在地表产生的磁场可以等效为一个水平环状线电流的磁场。在发射电流刚关断时,该环状线电流紧挨发射回线,与发射回线具有相同的形状。随着时间推移,该电流环向下、向外扩散,并逐渐变为圆电流环。图 4-3 所示为发射电流关断后三个不同时刻地下感应电流等效电流环示意分布。从图中可以看到,等效电流环很像从发射回线中"吹"出来的一系列"烟圈",因此,人们将地下涡旋电流向下、向外扩散的过程形象地称为"烟圈效应"(王扬州 等,2009)。

从"烟圈效应"的观点看,衰减过程一般分为早、中和晚期。早期的电磁场是由近地表的感应电流产生的,相当于频率域中的高频成分,衰减快,趋肤深度小;而晚期电磁场主要是由深部感应电流产生的,相当于频率域中的低频成分,衰减慢,趋肤深度大(杨振威 等,2011)。通过测量断电后各个时间段的二次场随时间的变化规律,可得到不同深度的地电特征,这便是瞬变电磁法测深的原理(图 4-4)。

由于煤系地层的沉积序列比较清晰,在原生地层状态下,其导电性特征在纵向上具有固定变化规律,而在横向上相对比较均一。当存在构造破碎带时,如果构造不含水,则其导电性较差,局部电阻率值增高;如果构造含水,其导电性好,相当于存在局部低电阻率地质体。综上所述,当断层、裂隙和陷落柱等地质构造发育时,无论其含水与否,都将打破地层电性在纵向和横向上的变化规律。这种变化规律的存在,为以岩石导电性差异为物理基础的瞬变电磁法探测提供了良好的地质条件(占文锋 等,2010)。

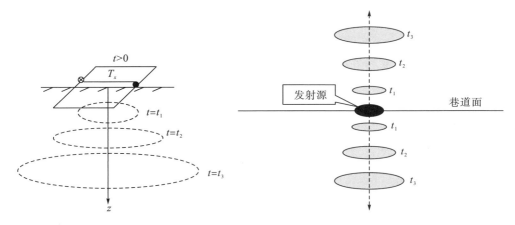

图 4-3　地下半空间感应电流环带分布图　　图 4-4　地下全空间瞬变电磁法探测原理示意图

4.2　地质异常体全空间瞬变电磁场响应模拟分析

　　瞬变电磁法被广泛用于解决煤层顶底板、采空区、含水陷落柱等水文地质问题(周嗣辉 等，2014；李惠云 等，2014；孙玉国 等，2010)。地面瞬变电磁法的理论与技术相对成熟，其成果对矿井瞬变电磁法有着重要的借鉴作用，但也面临许多新问题(刘亚军 等，2013；赵晶，2013)，如发射与接收回线的自感、互感(梁庆华，2012)；如何消除一次场影响得到有效的瞬变电磁响应信号(王东伟等，2011)；观测曲线能否真实反映地下介质变化(胡雄武，2014)；关断时间对测量结果的影响等问题(孙天财 等，2008；杨云见 等，2005；白登海，2001；于生宝 等，1999)。研究表明，地下感应二次场的强弱随时间衰减的快慢与被探测地质异常体的规模、产状、位置和导电性能密切相关。因此，通过矿井三维瞬变电磁法正演模拟技术，研究供电电流关断前后二次场的时空分布与变化规律，对于准确反演和解释地下异常体的电性特征具有重要的理论指导意义(常江浩等，2014；蒋大青，2012；胡博，2010)。

4.2.1　瞬变电磁法有限元模拟基本理论

　　当前，瞬变电磁法一维正、反演理论相对较成熟，二维、三维的算法研究虽然取得不少成果，但在快速性与精确度上都存在很多问题(柳建新 等，2014；孟庆鑫 等，2014；李建慧 等，2013；晏冲为 等，2012；刘云 等，2011；熊彬等，2006；杨云见 等，2005；白登海 等，2003；王华军 等，2003)。巷道瞬变电磁法勘探作为一种重要物探方法，由于解释技术的相对滞后，制约着矿井瞬变电磁法的发展，因此，许多学者开展了相关研究工作并取得了一些进展(李建慧等，2012；赵晶，2013；陈琦，2014)。改进与完善矿井瞬变电磁法三维正反演技术，对进一步提高瞬变电磁法解释方法和水平具有重要的理论和现实意义(陈琦，2014)。

电磁场理论由一套麦克斯韦方程组描述，由安培环路定律、法拉第电磁感应定律、高斯电通定律和高斯磁通定律组成，其微分和积分方程组分别如式(4-1)、式(4-2)所示。分析和研究电磁场问题，实际上是对给定边界条件下的麦克斯韦方程组及其演化出的微分方程组进行求解的过程。

$$
\begin{cases}
\nabla \times \overline{H} = \overline{J} + \dfrac{\partial \overline{D}}{\mathrm{d}t} \\[2mm]
\nabla \times \overline{B} = -\dfrac{\partial \overline{B}}{\mathrm{d}t} \\[2mm]
\nabla \times \overline{D} = \rho \\[2mm]
\nabla \times B = 0
\end{cases}
\tag{4-1}
$$

$$
\begin{cases}
\oint_{\Gamma} \overline{H} \cdot \mathrm{d}\bar{l} = \iint_{\Omega}\left(\overline{J} + \dfrac{\partial \overline{D}}{\partial t}\right) \cdot \mathrm{d}\overline{S} \\[2mm]
\oiint_{S} \overline{B} \cdot \mathrm{d}\overline{S} = 0
\end{cases}
\tag{4-2}
$$

式中，Γ 为曲面 Ω 的边界；J 为传导电流密度；$\partial D/\partial t$ 为位移电流密度 $(\mathrm{A/m^2})$；D 为电通密度 $(\mathrm{C/m^2})$；H 为磁场强度 (T)；B 为磁感应强度 (T)；ρ 为电荷密度 $(\mathrm{C/m^3})$。

Ansoft Maxwell 是世界著名的商用低频电磁场有限元模拟软件，它基于麦克斯韦微分方程，采用有限元离散形式，将整个求解区域离散化，分割成有效的小区域(有限元)进行求解，有着足够的准确性和快捷性。对于特定时间周期内的磁场分布、力矩、损耗及磁通分布情况可通过 Ansoft Maxwell 3D 瞬态求解器进行分析(付志红 等，2014)。其三维瞬态场的求解仍然采用 T-Ω 算法，对于低频瞬态磁场，麦克斯韦方程组可写成式(4-3)，并可推导出恒等式(4-4)：

$$
\begin{cases}
\nabla \times H = \sigma E \\[2mm]
\nabla \times H = \dfrac{\partial B}{\partial t} \\[2mm]
\nabla \times B = 0
\end{cases}
\tag{4-3}
$$

$$
\begin{cases}
\nabla \times \dfrac{1}{\sigma}\nabla \times H + \dfrac{\partial B}{\partial t} = 0 \\[2mm]
\nabla \times B = 0
\end{cases}
\tag{4-4}
$$

式中，σ 为介质的电导率 $(\mathrm{S/m})$；H 为磁场强度 (T)；E 为电场强度 $(\mathrm{V/m})$；B 为磁感应强度 (T)；t 为时间。

　　在求解三维瞬态磁场时，棱边上的矢量位自由度采用一阶元计算，而节点上的标量位自由度采用二阶元计算。在静磁场和涡流场分析中，仅可使用电流源或电密源，而三维瞬态磁场激励源比较丰富，用户可利用 Ansoft Maxwell 3D 自带的外电路编辑功能，设计和调用斜阶跃脉冲等复杂激励源，从而实现更加符合实际的模拟计算(李国才 等，2013；赵博，2010)。

　　常用井下瞬变电磁法装置主要有共轴方式和共面方式两种装置形式。为讨论瞬变电磁法不同装置形式对前方异常体的响应特征，建模完成后，利用 Ansoft Maxwell 3D 自带的外电路编辑器 Maxwell Circuit Editor，设计如图 4-5 所示的斜阶跃脉冲激励源。其中 0～0.3ms 设为电流线性上升阶段，0.3～0.9ms 为电流稳定阶段，0.9～1.2ms 为电流下降阶段，1.2～1.8ms 为电流归零阶段，最大供电电流为 2A。采用 Ansoft Maxwell 3D 瞬态求解器进行正演分析，重点研究电流关断前后感应磁场的空间分布与变化规律。

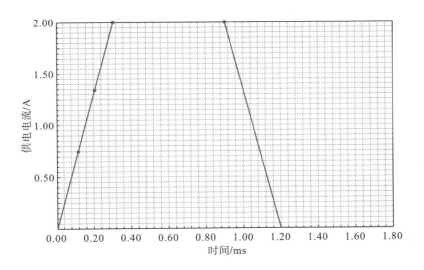

图 4-5　斜阶跃脉冲电流示意图

4.2.2　共轴装置异常体响应模拟分析

　　为讨论瞬变电磁共轴方式对掘进巷道前方低阻异常的有效性，运用 Ansoft Maxwell 3D 软件，建立如图 4-6 所示的地下全空间模型。

　　其中，发射框半径 10mm，接收框半径 5mm，两者相距 10mm。在其正前方 15mm 处设置半径为 6mm 的圆柱体低阻异常体，材料设置为软件自带的 water_sea。在发射框中供以如图 4-5 所示的斜阶跃脉冲电流，模型各材料设置见表 4-1。

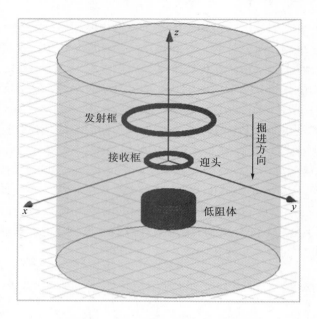

图 4-6　地下全空间模型及网格剖分图

表 4-1　模型各材料属性设置一览表

名称	相对磁导率	体电导率/(mS/m)	备注
发射框、接收框	0.01	58 000 000	超低阻、80 匝铜绞线
高阻体	1	0	高阻、空气
低阻体（water_sea）	81	1 000	低阻、矿井水
围岩	4	1	中阻、砂岩

　　模型经材料设置、边界条件、激励源、网格剖分、误差控制和求解步长等参数设置后，进行正演模拟计算，并绘制不同时刻磁感应强度（B）等值线和方向矢量（图 4-7，彩图见附录），以对比分析。

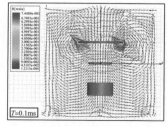 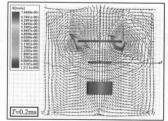 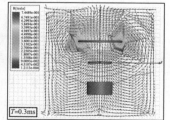

(a) 电流上升阶段

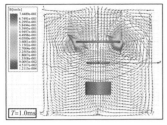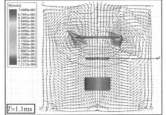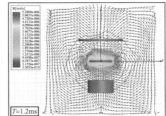

(b)电流下降阶段

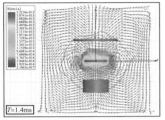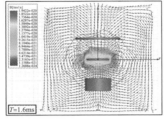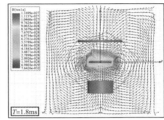

(c)电流关断阶段

图 4-7　不同时刻磁感应强度等值线和方向矢量图

供电电流上升阶段[图 4-7(a)]，感应磁场 B（即一次场）最大值位于发射框周围，呈同心环状逐渐向外围扩散并逐渐减小。当 $T=0.1$ms 时，趋肤深度最小；随着电流增加（$T=0.2$ms），一次场强度增加，且趋肤深度逐渐增大；当电流值达到最大（$T=0.3$ms）时，一次场强度最大（$B=7.45$e-01T），且趋肤深度亦达到最大。随着供电电流保持平稳（$T=0.3\sim0.9$ms），一次场强度和趋肤深度均趋于稳定。

电流下降阶段[图 4-7(b)]，一次场强度和趋肤深度变化规律与电流上升阶段相反，随着供电电流的下降逐渐减小。在 $T=1.2$ms 时，一次场完全消失，并在接收框中激发起二次场（B'），感应磁场亦急剧衰减至 5.29e-06T。

电流关断阶段[图 4-7(c)]，二次场强度呈指数方式急剧衰减，由开始关断时刻（$T=1.2$ms）的 5.29e-06T 迅速衰减至 1.17e-27T，其矢量方向与一次场一致。不同时刻感应磁场最大值和最小值见表 4-2。

表 4-2　不同时刻感应磁场最大值和最小值统计表

T/ms	0.1	0.2	0.3	0.4	0.5	0.6
B_{max}/T	2.48e-01	4.97e-01	7.45e-01	7.45e-01	7.45e-01	7.45e-01
B_{min}/T	4.04e-05	8.08e-05	1.21e-04	1.21e-04	1.21e-04	1.21e-04
T/ms	0.7	0.8	0.9	1	1.1	1.2
B_{max}/T	7.45e-01	7.45e-01	7.45e-01	4.97e-01	2.48e-01	5.29e-06
B_{min}/T	1.21e-04	1.21e-04	1.21e-04	8.08e-05	4.04e-05	3.51e-10
T/ms	1.3	1.4	1.5	1.6	1.7	1.8
B_{max}/T	1.31e-09	3.22e-13	9.91e-17	1.94e-20	4.77e-24	1.17e-27
B_{min}/T	8.58e-14	2.11e-17	5.17e-21	1.27e-24	3.11e-28	7.64e-32

　　为讨论不同时刻低阻异常体对电磁场的响应特征，绘制如图 4-8（彩图见附录）所示磁感应强度等值线和方向矢量图。

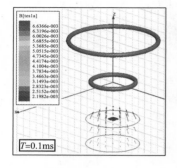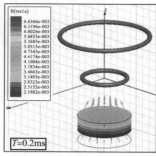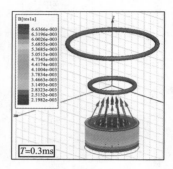

(a) 电流上升阶段

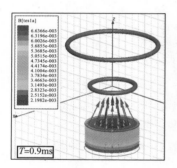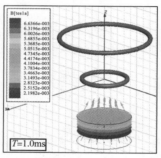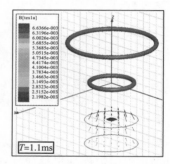

(b) 电流下降阶段

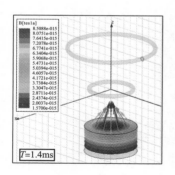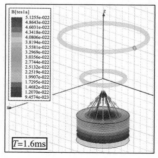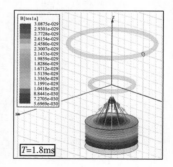

(c) 电流关断阶段

图 4-8　不同时刻低阻异常体磁感应强度等值线和方向矢量图

　　在供电电流上升阶段（T=0.1～0.3ms），一次场在圆柱形低阻异常体中激发涡流场，并随供电电流加大而逐渐增强，在 T=0.3ms 时达到最大，并一直保持稳定

到 $T=0.9\text{ms}$。随着供电电流的减小，涡流场变化规律与电流上升阶段相反，并在电流完全关断时刻($T=1.2\text{ms}$)降至最低值。

在电流关断阶段，感应磁场强度(B')呈指数方式迅速衰减至 3.09e-29T ($T=1.8\text{ms}$)，其矢量方向与一次场一致[图 4-8(c)]。说明低阻异常体对一次场有良好的响应，能够满足探测要求。但由于二次场强度小，衰减快，对接收装置的精密程度要求更高。

4.2.3　共轴装置不同类型异常体响应对比分析

为对比共轴装置旋转 30° 前后，不同类型异常体(铸铁、矿化水)对电磁场的响应特征，设计如图 4-9 所示模型。材料设置、边界条件、激励源、网格剖分、误差控制和求解步长等参数设置与上述模型一致，进行正演模拟计算后，并绘制不同时刻的磁感应强度(B)等值线和方向矢量(图 4-10)，以对比分析。

供电电流上升阶段[图 4-10(a)]，感应磁场强度 B(即一次场)最大值位于发射框周围，呈同心环状逐渐向外围扩散并逐渐减小。感应磁场方向遵循右手法则分布，但异常体的存在会引起不同程度的局部变化。当 $T=0.1\text{ms}$ 时，磁场强度和趋肤深度最小；随着电流增加，一次场强度和趋肤深度逐渐增大；在电流值达到最大时($T=0.3\text{ms}$)，一次场强度和趋肤深度达到最大。随着供电电流保持平稳，一次场强度和趋肤深度均趋于稳定。

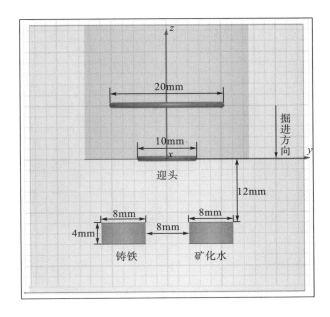

(a)垂直正前方

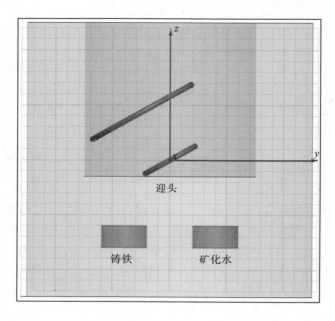

(b) 旋转 30°方向

图 4-9　地下全空间模型

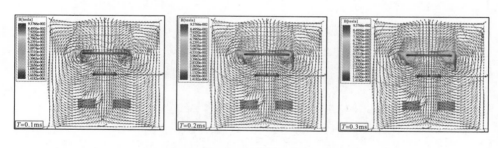

(a) 电流上升阶段 (T=0.1ms、0.2ms、0.3ms)

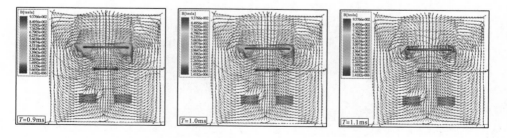

(b) 电流下降阶段 (T=0.9ms、1.0ms、1.1ms)

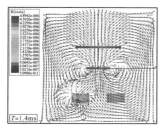 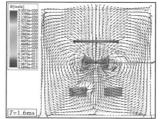 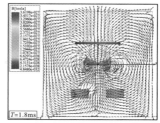

(c)电流关断阶段(T=1.4ms、1.6ms、1.8ms)

图 4-10　不同时刻磁感应强度等值线和方向矢量图

　　电流下降阶段[图 4-10(b)]，一次场强度和趋肤深度变化规律与电流上升阶段相反，随着供电电流的下降逐渐减小。在 T=1.2ms 时，一次场完全消失，并在接收框和异常体中激发起二次场(B′)。由于铸铁材料相对介电常数和相对磁导率较大，感应磁场强度更大，引起的局部变化更明显。

　　电流关断阶段[图 4-10(c)]，二次场强度呈指数方式急剧衰减，其矢量方向与一次场一致，异常体造成的影响也逐步减弱。

　　为讨论不同时刻各异常体对电磁场的响应特征，绘制如图 4-11 所示的磁感应强度等值线和方向矢量图。

　　在供电电流上升阶段(T=0.1～0.3ms)，一次场在异常体中激发涡流场，并随供电电流加大而逐渐增强，在 T=0.3ms 时达到最大值，并一直保持稳定到 T=0.9ms。随着供电电流的减小，涡流场变化规律与电流上升阶段相反，并在电流完全关断时刻(T=1.2ms)降至最低，其感应磁场方向始终指向发射框。

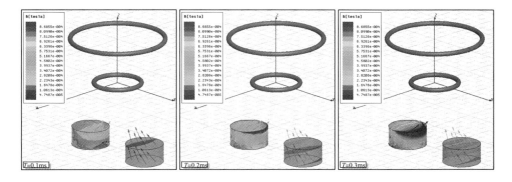

(a)电流上升阶段(T=0.1ms、0.2ms、0.3ms)

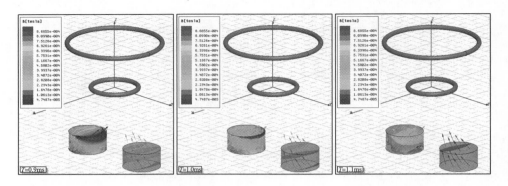

(b) 电流下降阶段(T=0.9ms、1.0ms、1.1ms)

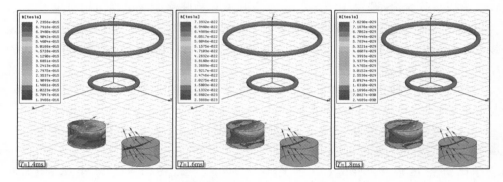

(c) 电流关断阶段(T=1.4ms、1.6ms、1.8ms)

图 4-11　不同时刻低阻异常体磁感应强度等值线和方向矢量图

在电流关断阶段，感应磁场强度(B')呈指数方式迅速衰减，其矢量方向与一次场一致，但方向已发生改变，指向接收框[图 4-11(c)]。且铸铁材料感应磁场强度始终大于矿化水，说明异常体对一次场有良好的响应，能够满足探测要求。但由于二次场强度小，衰减快，对接收装置的精密程度要求更高。

将发射框和接收框同时旋转 30°，其他各项参数保持不变，进行正演模拟计算后，绘制不同时刻磁感应强度(B)等值线和方向矢量图(图 4-12)。

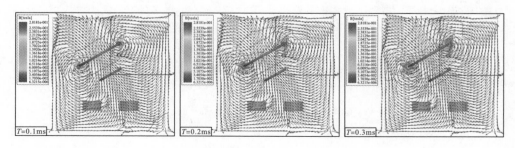

(a) 电流上升阶段(T=0.1ms、0.2ms、0.3ms)

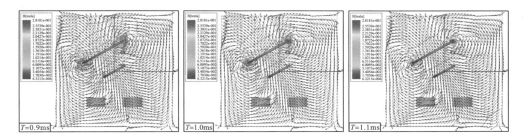

(b) 电流下降阶段(T=0.9ms、1.0ms、1.1ms)

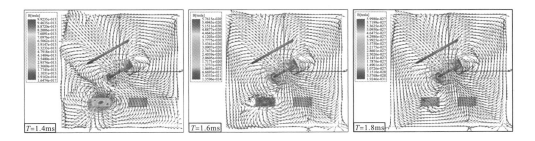

(c) 电流关断阶段(T=1.4ms、1.6ms、1.8ms)

图 4-12　不同时刻磁感应强度等值线和方向矢量图

　　装置旋转 30° 后,不同阶段的一次场、二次场变化和分布规律与垂直方向时基本一致。不同之处在于:铸铁异常体中激发的二次场更加强烈,并显著改变了感应磁场方向的分布,但也可能是由于装置偏转后减小了与该异常体间的垂直距离。因此,在现场探测过程中,收发装置应尽量避免与周围支护、铁轨等干扰靠离太近。

　　为讨论收发装置旋转 30° 后,异常体对电磁场的响应特征,绘制如图 4-13 所示的磁感应强度等值线和方向矢量图。不同阶段的一次场、二次场变化和分布规律与垂直正前方向时变化规律基本一致,但也略有差异。为对比分析,提取距离迎头15mm 处磁场强度数据,绘制不同装置、不同时刻的磁感应强度对比曲线(图 4-14)。

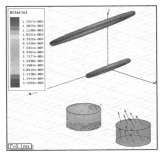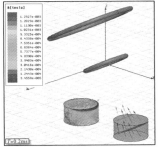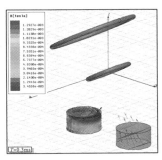

(a) 电流上升阶段(T=0.1ms、0.2ms、0.3ms)

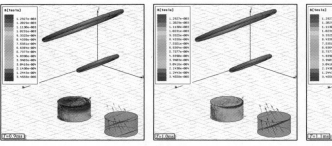

(b)电流下降阶段(*T*=0.9ms、1.0ms、1.1ms)

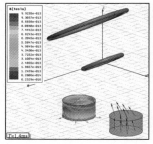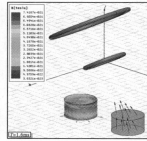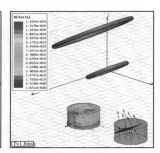

(c)电流关断阶段(*T*=1.4ms、1.6ms、1.8ms)

图 4-13　不同时刻异常体磁感应强度等值线和方向矢量图

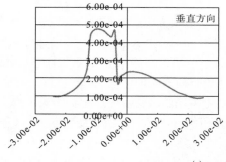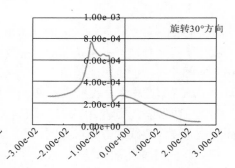

(a)*T*=0.3ms 时刻

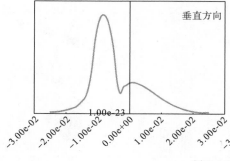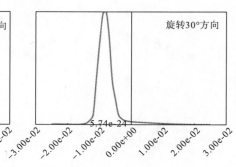

(b)*T*=1.6ms 时刻

图 4-14　不同时刻距离迎头 15mm 处磁感应强度对比曲线

　　分析图 4-14 表明：不同时刻，异常体中磁感应强度、方向和变化规律与垂直方向时基本一致。不同之处在于，各阶段低阻异常体中激发的二次场相比垂直方向更强。究其原因，可能是由于装置偏转后，减小了与该异常体间的距离。因此，在现场探测过程中，收发装置应尽量避免与周围支护、铁轨等干扰靠离太近。

　　观察不同时刻全空间和各异常体中感应磁场强度和方向变化规律表明，异常体对一次场有良好的响应。但由于二次场强度小，衰减快，对接收装置精度要求更高。两套装置正演模拟结果具有一致性，不同之处在于铸铁异常体中激发的二次场更加强烈，并显著改变了感应磁场方向的分布，也可能是由于装置偏转后减小了与该异常体间的距离。因此，在现场探测过程中，收发装置应尽量避免与周围支护、铁轨等干扰靠离太近。不同时刻，异常体中磁感应强度、方向和变化规律与垂直方向时基本一致。相对而言，装置旋转 30° 方向后，各阶段铸铁异常体中激发的二次场更强，在数据采集和处理过程中应引起重视。

4.2.4　共面装置不同类型异常体响应对比分析

　　为模拟瞬变电磁法共面装置方式对掘进巷道前方异常性的有效性，设计如图 4-15 所示的地下全空间模型。其中发射框直径 20mm，接收框直径 10mm，两圆环截面直径 1mm，中心点相距 100mm。装置正前方 200mm 处设置两圆柱异常体，直径 100mm，高 50mm，中心点相距 300mm，分别模拟地下采空区和富水区。围岩设置为直径 1000mm，高 1000mm 的圆柱体。在发射框中供以斜阶跃脉冲电流：其中 0~0.3ms 设为电流线性上升阶段，0.3~0.9ms 为电流稳定阶段，0.9~1.2ms 为电流下降阶段，1.2~1.8ms 为电流归零阶段，最大供电电流 2A。

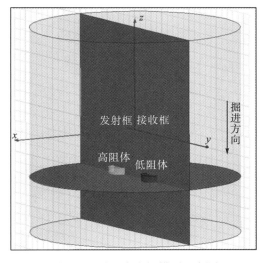

图 4-15　地下全空间模型示意图

　　三维模型经边界条件、激励源、网格剖分、误差控制和求解步长等参数设置后，进行正演模拟计算，并绘制出不同时刻、不同方向的磁感应强度等值线（图4-16）以对比分析，重点研究电流关断前后感应磁场的空间分布与变化规律。

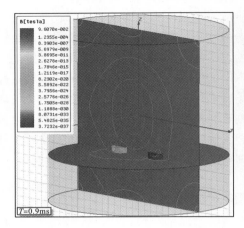 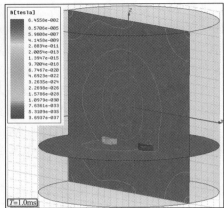

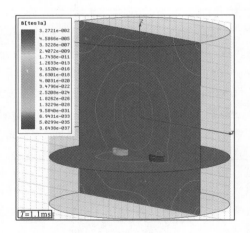

图4-16　0.9ms、1.0ms、1.1ms时一次场空间分布图

　　分析供电电流关断前 0.9ms、1.0ms、1.1ms 时感应磁场空间分布图（图 4-16），一次场强度最大值位于发射框中心处，在不同方向上均呈同心环状向周围介质传播。当电磁波传播到下方异常体时，由于两者间的物性差异继而影响电磁波的正常传播，相比而言，低阻异常对电磁波具有更强的吸收和干扰作用。穿越异常体后，电磁波传播恢复正常。而供电电流大小则影响一次场强度和分布范围，随着供电电流的减小，一次场强度和分布范围均有不同程度的减小。

供电电流关断时，一次场迅速衰减基本消失。除在地下低阻异常体中激发出较强的二次场外，在接收框中亦激发较强的二次场，而在高阻异常体中激发的二次场则不甚明显。二次场分别以接收框和低阻异常体为中心，在不同方向上呈同心环状向周围介质扩散传播(图 4-17，彩图见附录)。由于接收框体电导率大，其中心二次场更强；而低阻异常体体积较大，其二次场影响和分布范围更广。两者相遇处相互叠加干扰，影响二次场的空间分布形态，并随着深度的增加而减弱。

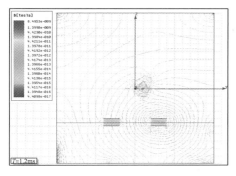
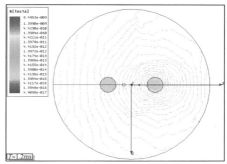

　　　(a) YZ 平面(X=0)　　　　　　　　　　　　　(b) XY 平面(Z=230mm)

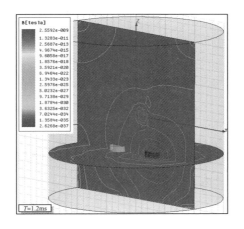

(c) 全空间

图 4-17　1.2ms 时二次场空间分布图

供电电流关断后，二次场呈指数迅速衰减，但其空间分布形态未发生大的改变，仍以接收框和低阻异常体为中心，在不同方向上呈同心环状分布。不同之处在于，低阻异常体电导率小，衰减快；接收框体电导率大，衰减慢。在电流关断的 1.8ms 时刻，空间基本分布接收框感应的二次场(图 4-18，彩图见附录)。

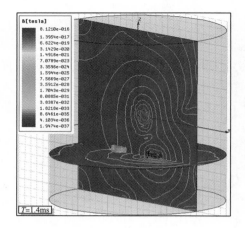
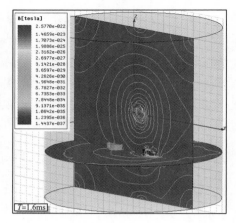
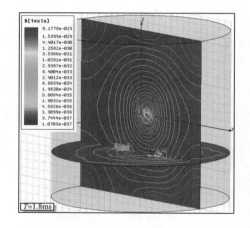

图 4-18　1.4ms、1.6ms、1.8ms 时二次场空间分布图

为讨论高阻异常体、低阻异常体和接收框三者对感应磁场的相互影响和相互作用关系，可通过绘制电流关断时刻不同深度二次场强度变化曲线进行对比分析（图 4-19）。

由图 4-19 可知，低阻体周围二次场强度曲线较高阻体变化大，表明高阻异常体对二次场影响不甚明显，对二次场分布起主导作用的是具有较低电阻的发射框和低阻体。浅部（0～0.15m）主要受发射框影响，影响范围小，且随深度增大而减弱，并逐渐向低阻体位置转移；深部（0.2～0.5m）主要受低阻体影响，其影响深度和范围均不同程度增大。其各自影响深度与异常体体积大小、物性、埋深和供电电流的大小等因素有关。

因此，应用瞬变电磁法进行井下探测时，若关断时间设置过小（<1.2ms），早期测量信号可能主要为接收框感应二次场，为探测的盲区。但发射框由于体积

较小，其影响深度有限，主要反映浅部地质情况。盲区范围除受供电电流大小、接收线圈匝数、线圈材质影响外，还与地下介质物性、异常体物性、规模、埋深等因素有关。因此，不同测点其盲区范围也各不相同。

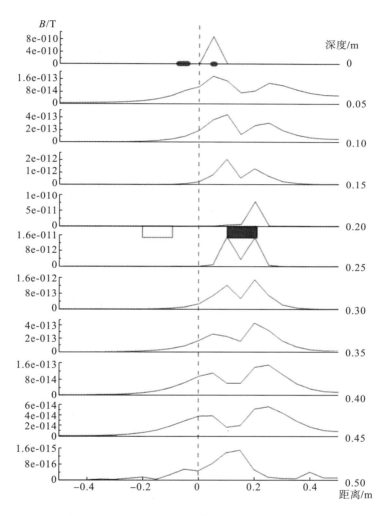

图 4-19 1.2ms 时不同深度二次场强度变化曲线

分别选择高、低阻异常体顶、底中心点处，绘制二次场对数随时间变化曲线。由图 4-20 可见，供电电流关断后，二次场随时间呈指数快速衰减。相比而言，低阻异常体顶、底曲线斜率更大，说明其二次场随时间衰减更快一些，对感应磁场反应更灵敏。

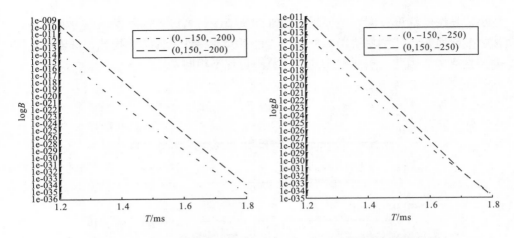

图 4-20　高、低阻异常体顶、底中心点处二次场对数随时间变化曲线

4.3　瞬变电磁法关断效应与试验分析

　　瞬变电磁法利用不接地回线发送一次脉冲电磁场，在一次脉冲电磁场的间歇期间，通过观测与研究二次涡流场随时间变化规律来探测介质的电性差异。其最初的理论模型总是假设发射电流在关断后立即衰减为零，从而计算地下的瞬变二次场。而实际情况并非如此，发射电流不能用零时间关断，总要经过一定的时间延迟才能衰减为零，这种电流叫作关断电流，这段时间为关断时间，实际观测数据均含有斜阶跃效应（强建科 等，2012）（图 4-21）。$T_0 \sim T_1$ 期间为发射电流关断过程，包括一次场与二次场混合信号；$T_1 \sim T_2$ 期间为发射电流关断后早期时段；T_2 之后为实际中晚期采样记录时间。目前国内外针对瞬变电磁法解释研究多从 T_2 之后，舍弃关断过程与关断早期信号（俞林刚，2013）。

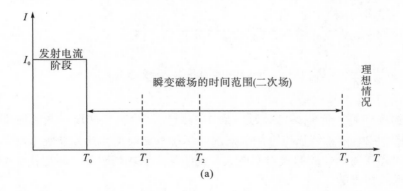

(a)

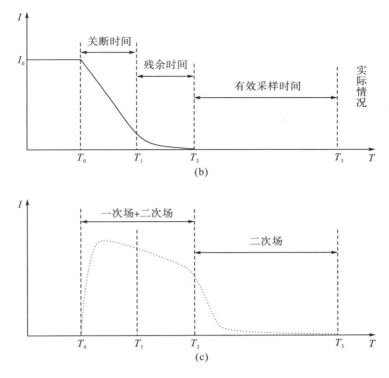

图 4-21 不同关断阶段瞬变电磁场响应示意图

在非零关断情况下，发射机硬件开关的性能、线圈对瞬变电磁的响应、线圈之间的耦合互感、位移电流等作用，均会影响关断时间的大小（蔡中超 等，2015；赵海涛 等，2013；于生宝 等，1999）。目前的瞬变电磁仪记录的大部分是晚期信号，或者在数据处理时仅采用了晚期信号，这将产生两种后果：一是损失了 TEM 方法探测浅部结构的能力，因为浅部结构的信息主要由早期信号携带；二是降低了 TEM 方法的分辨能力，因为关断电流的影响将使瞬变响应发生畸变。

虽然关断时间一般很短（几微秒到几百微秒），但对二次瞬变场的影响却是严重的。如果忽略了这一关断时间，就会在前几个通道视电阻率上产生很大误差，直接影响到解释结果（刘俊，2013；杨海燕 等，2008；稽艳鞠 等，2006；周逢道 等，2006；杨云见 等，2005）。如果关断时间没有足够短，则浅层地质信号会包含在关断过程中（付志红 等，2008；白登海 等，2001）。这就要求分析关断过程中的二次场变化规律，找出关断过程中剔除一次场影响的方法，得到纯净的二次场信号，进行有效反演，分析地下地质结构分布。

目前，国内外研究多是面向关断之后的反演解释，对关断过程中的一、二次场，尤其是纯二次场的变化研究较少（孙天财 等，2008）。因此，在非理想关断情况下，选择合适的试验场所，开展全程信号(尤其是关断过程中与关断后早期)的瞬变电磁场变化规律研究，对瞬变电磁法精确反演具有重要意义。

4.3.1 试验区地质特征与试验参数选择

凤凰洞煤矿位于四川省广安市邻水县，主采二叠系龙潭组 K1 煤层，平均煤厚 1.28m。煤层直接顶为 0.30～0.50m 厚的炭质泥岩，间接顶为中厚层粉砂岩、细砂岩，直接底为灰黑色炭质泥岩。其+730m 平硐和轨道下山南翼+667m 水平以上为采空区，浅部 K1 煤层已开采，矿区上部零星分布老窑。据四川省安全科学技术研究院对其掌握的水害隐患分析资料可知，矿区范围内大部分采空区已充水，矿井正常涌水量 12.5m³/h，最大涌水量 20.0m³/h，矿井水均从现有+730m 平硐自然流出。矿井中部采空区积水量约 65 072m³，南部积水量约 36 260m³，二采区生产时可能受水患威胁。

在运输大巷掘进过程中，由于距离迎头约 100m 处为邻近采空区边界，为预防邻近采空区突水灾害，采用瞬变电磁法沿运输大巷迎头布设两条相互垂直的测线(图 4-22)。每条测线各布置 5 个测点，按 15° 偏转，分别探测掌子面前方水平方向和垂直方向各一个扇形区。设备选用加拿大 GEONICS 公司的 PROTEM47HP 型瞬变电磁仪，发射框尺寸为 1.5m×1.5m，发射电流为 2.1(±0.05)A，发射频率为 25Hz，采样 30 门，观测时窗为 6971.2μs。

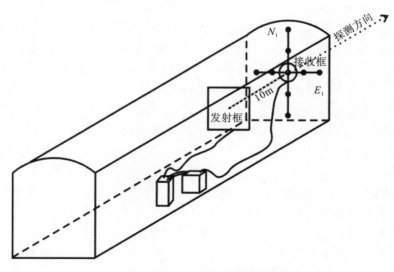

图 4-22 井下探测工程布置示意图

关断时间设置颇为关键，一般通过查询操作手册并结合现场试验确定，本次操作手册查询值为 165μs。对于相同的工作装置和参数，关断时间一般是固定的。为研究不同阶段感应磁场的变化规律，本次试验分别设置 145μs、155μs、165μs、170μs、175μs 等 5 个关断时间开展对比试验，并将其划分为电流关断前（145μs 和 155μs）、电流关断时（165μs）、电流关断后（170μs 和 175μs）三个阶段（图 4-23）。理想状况下，145μs 和 155μs 测得的应为一次场与二次场叠加数据；165μs 测得的为电流关断时的二次场数据；170μs 和 175μs 测得的为电流关断后的二次场。通过观测各阶段一次场、二次场变化规律，从而确定出最佳关断时间，为精确反演提供依据。

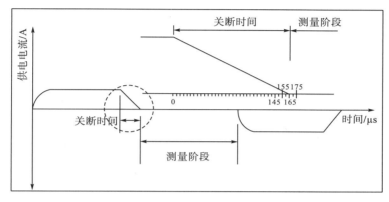

图 4-23　不同关断时间及所处位置示意图

4.3.2　电流关断过程中一次场、二次场变化规律

选择不同关断时间条件下一次场、二次场实测数据，绘制其变化曲线如图 4-24 所示。图 4-24(a)表明一次场随着关断时间的增加，呈现跳跃减小的趋势。二次场的强弱、方向和分布规律不仅取决于导体的电磁性质、大小、产状等因素，还与一次场的强度、频率及其与导体异常体间的感应耦合有关。因此，一次场的强弱会间接影响观测到的二次场强度。由于受参数、仪器稳定性及现场环境等影响，155μs 较 145μs 时二次场衰减曲线更为理想可靠[图 4-24(b)]，故分析时以 155μs 为主，145μs 仅作参考。

图 4-24(b)表明，在 1582.5μs 之前，二次场强度随关断时间的增加而逐渐减小。原因可能是随着关断时间增加，受一次场影响逐渐减弱的缘故；另一方面由于发射电流需要一个很短的附加时间才能稳定至零，所以采样时间要均在关断之后略晚一点开始(本次为 6.8μs)，故关断时间不同，其起始观测时间亦不同，关断时间越小，其起始观测时间越早，信号越强。因此，随着关断时间的增加，二次场强度逐渐减小。1582.5μs 之后，一方面由于晚期信噪比降低引起各二次场强度曲线存在跳跃；另一方面，鉴于整体曲线此时均呈现反向增大形态，由于高阻体较低阻体衰减快，推测为低阻异常体影响所致(低阻体较高阻体衰减慢)。

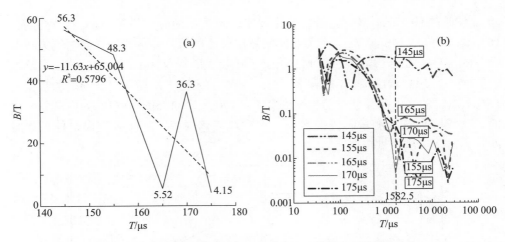

图 4-24　中心点处不同关断时间原始一次场、二次场变化曲线

原始数据经软件反演拟合后，绘制电阻率-深度变化曲线（图 4-25），除
145μs 曲线形态不完整外，其他四条曲线形态基本相似。但不同关断时间反演深
度各不相同：155μs 时为 15～70m；165μs 时为 15～60m；170μs 时为 20～
120m；175μs 时为 20～140m。

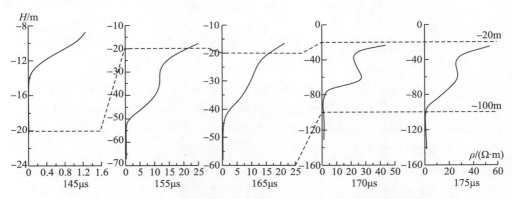

图 4-25　中心点处各关断时间条件下电阻率-深度关系曲线

当关断时间较短时，观测早、中期信号多，晚期信号少，反映浅部地电信息
多；当关断时间较长时，早期信号少，中、晚期信号多，反映深部地电信息多。
因此，随着关断时间的增加，反演深度亦增加，最后趋于稳定。同时，随着关断
时间的增加，电阻率-深度关系曲线反映的局部信息更加丰富。

将上述曲线综合绘制如图 4-26 所示，分析表明关断时间的长短最终影响到
反演结果。关断时间短，则反演深度较小；若关断时间过长，则易丢失浅部信
息，造成较大的勘探盲区。因此现场探测时，需根据操作手册和现场试验，确定

最佳关断时间。

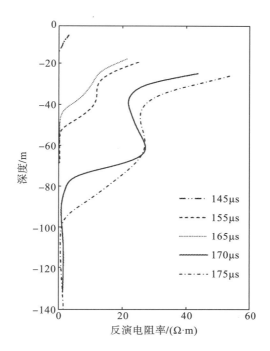

图 4-26   中心点处各关断时间条件下电阻率-深度对比关系曲线

通过数据对比分析，本次关断时间选择 170μs（＞165μs），既满足了勘探深度的要求，又尽可能不损失浅部信息。在随后的测试过程中，获得了稳定的、高质量的观测数据。

4.3.3   电流关断后纯二次场变化规律

确定最佳关断时间(170μs)后，对水平方向(E_1)和垂直方向(N_1)两条测线共采集 10 组数据，并绘制出原始记录的一次场、二次场实测数据变化曲线。

图 4-27 表明，在同一关断条件下，不同测点处的一次场并无明显的变化规律。各测点二次场曲线在 1582.5μs 之前基本吻合；1582.5μs 之后虽然有跳跃，但其相互之间差异较小(DB 为归一化的磁场变化率$\frac{\partial B}{\partial T}$，介于 0.001～0.01)，除与前述信噪比降低有关外，也可能与不同测点深部介质电性差异有关。

原始数据经软件反演拟合后，分别绘制水平方向和垂直方向电阻率等值线图(图 4-28)，分析表明：掘进迎头 20～120m 范围内(20m 以内为盲区)，电阻率随探测深度的增加而逐渐减小，且在 80m 深度前方及中心点两侧均出现低阻异常反应，推断为邻近采空区边界。

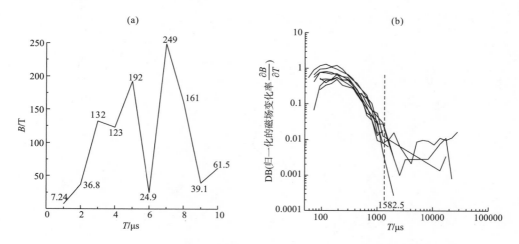

图 4-27　不同点处同一关断时间原始一次场、二次场变化曲线

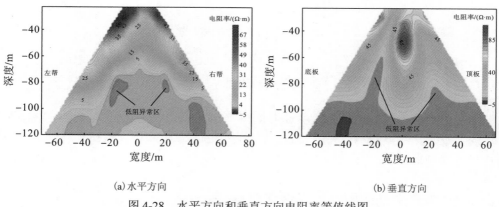

(a)水平方向　　　　　　　　　　　　(b)垂直方向

图 4-28　水平方向和垂直方向电阻率等值线图

　　图 4-28 所示水平方向和垂直方向电阻率分布特征、低阻异常区的位置均能产生很好的对应关系，最大的不同在于中心点处的电阻率值差异较大。为分析其原因，将中心点处的数据加以对比。

　　将水平方向和垂直方向中心点处归一化的磁场变化率$\partial B/\partial T$(DB)进行对比，可得到如图 4-29 所示曲线，两者形态差异较大，可能受巷道正后方掘进机干扰所致。对比分析表明：水平方向早期信号丰富，晚期信号偏少；而垂直方向早期信号偏少，晚期信号丰富，这会导致不同方向上反演的深度信息存在差异。虽然水平方向的二次场高于垂直方向，但两者在尾枝(图 4-29 中圆圈处)均呈现前述二次场反转增加。

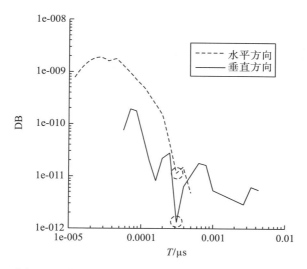

图 4-29　水平方向和垂直方向中心点计算 DB 对比图

　　图 4-30 为不同方向电阻率-深度关系曲线，垂直方向中心点处的电阻率值均比水平方向电阻率值高，而其他测点之间的差异不大。对比分析，垂直方向反演深度深(−100~−30m)，但盲区大（>30m）；而水平方向反演深度浅(−70~−20m)，但盲区小（<20m）。因此对中心测点进行解译分析时，可参考其他测点的反演结果。虽然各条曲线形态存在差异，但并未改变电阻率随深度增加而逐渐减小的趋势，表明不同方向的探测结果基本是一致的。

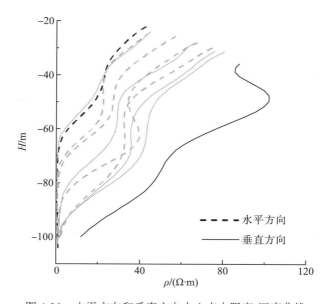

图 4-30　水平方向和垂直方向中心点电阻率-深度曲线

4.4　不同装置条件下地质异常体响应特征探测分析

4.4.1　共轴装置异常体探测分析

4.4.1.1　矿井水文地质条件

四川省龙门峡南矿主平硐和 K1 煤层开采系统分别位于井田内深层循环带和水平循环带中，埋藏深度较大，故受大气降水充水影响甚微。矿井井筒和煤层开采系统主要充水水源为砂岩裂隙含水层和灰岩岩溶含水层，前者仅对主平硐充水，后者对主平硐、暗斜井和煤层开采系统均有不同程度充水，其次为断层带充水和钻孔封闭不当引起的充水。

1.矿井主要充水因素分析

1) 二叠系下统茅口组（P_1m）含水层

该含水层岩性为灰色石灰岩，在井田范围内地表未出露，基本深埋于深层循环带（弱含水带）内。该含水层富水性和透水性都极不均一，局部地带具强—中等富水性，透水性较好，一般富水性和透水性均弱。而且此含水层上距 K1 煤层9.92～13.88m，平均 9.00m，其间又为隔水性能相对较好的龙潭组第一段（P_2l_1）底部铝土质泥岩、钙质泥岩、砂质泥岩等隔水层相隔，故对上覆 K1 煤层开采系统一般无充水影响。因该含水层除局部地带富水性强—中等、透水性较好外，一般富水性和透水性均弱，故对未来拟建矿井设置于其顶部的运输大巷充水性预计亦不会很强。

但据勘探的 5 个钻孔观测，此含水层承压水头标高最高达 872.55m，而此含水层顶板标高最高为 330.25m，其水头压力值高达 5.42MPa，表明此含水层地下水水头压力较大，承压性较好。运输大巷开拓掘进过程中，有可能遇此高承压水突破某些岩溶裂隙或其他结构面相对发育带涌入坑道造成突水。除此之外，亦要注意和警惕因混合溶蚀、水流变速等作用，促使深部岩溶发育，局部地带形成的封存性高压岩溶水涌入矿井大巷，造成突水的可能。

2) 二叠系上统龙潭组（P_2l）含水层

该含水层为一复合含水层，含水层底板与 K1 煤层之间仅有 8.08～16.08m 的泥岩、泥质粉砂岩相隔。经计算，K1 煤层采空塌陷导水裂隙带高度将会不同程度影响到龙潭组四段石灰岩含水层。此含水层地表未出露，埋藏较深，其透水性和富水性均弱。据此可以推断，该含水层在一般情况下对下伏 K1 煤层开采巷道系统充水威胁不大。

上述两个对 K1 煤层开采巷道系统充水的含水层均因于井田内隐伏未露,基本深埋于深层循环带(弱含水带)内,其地下水运移缓慢,循环交替条件差,故岩溶不发育,富水性及透水性弱。然而,在某些特定的地质构造、地貌古地理及水文地质条件下,由于混合溶蚀、水流变速等作用,深部岩溶水的侵蚀性二氧化碳含量增加,加之可溶岩层层厚、质纯、倾角大等因素,深部仍能不断发生溶蚀作用,促使岩溶出现含水层富水性及透水性增强,水头压力增大的特殊性情况。故在矿井开拓及生产过程中应经常高度关注这种特殊情况,严防突水事故的发生。

3) 二叠系上统长兴组(P_2c)含水层

由于在本井田范围内出露面积较大,地表岩溶发育,给大气降水对地下水的补给提供了十分有利的条件。大气降水以此含水层上部垂直循环带内近于垂直发育的形态各异的岩溶为导水通道,大量入渗补给中、下部水平循环带,少量零星赋存于上部垂直循环带中,并在适宜的地形地貌和地质条件下,以泉水形式泄出地表。

大气降水垂直入渗补给此含水层,并赋存于其中、下部水平循环带各类岩溶管道、地下水伏流及地下岩溶凹陷地带中,故此带具中等—强富水性,因而在正常情况下对下伏 K1 煤层开采巷道系统充水无甚威胁。但井筒穿过该含水层,尤其是主暗斜井和回风暗斜井都将置于此含水层中开拓,将会有一定程度的充水性,并有突水的可能。故在矿井开拓建设中必须予以高度注意和防范,在设计矿井疏干时应充分考虑到超前探水和防水。

2.井田岩溶发育特征

通过地表水文地质调查和对钻孔简易水文地质资料的研究,并结合井田内地下水循环交替条件综合分析:井田内浅部岩溶发育,一般无水;中部岩溶较发育,地下水循环交替条件较好,富水性较强;深部由于地下水循环交替条件较差,岩溶不甚发育,富水性较弱。根据井田内水文地质特征,岩溶含水层从垂直方向由上至下大致可分三带,即垂直循环带、含水循环带、弱含水带。

垂直循环带(或称垂直补给带):该带位于地表以下至地下水动水位以上,即地表分水岭东侧标高 850m 以上,分水岭西侧标高 700m 以上。此带平时无水,只有大气降水才有水渗入,大气降水及地表水主要通过斜向的或垂直的岩溶裂隙系统及岩层层面向下渗透补给下部含水循环带。地下水主要是垂直运动。因此,此带岩溶发育多以垂直形态为主。龙潭组(P_2l)含水岩层埋藏在该带之下,地表无出露;长兴组(P_2c)含水岩层中上部埋藏在该带之中。

含水循环带(或称水平循环带):该带位于地下水动水位以下,侵蚀基准面以上,即地表分水岭东侧标高 850~650m 之间,分水岭西侧标高 700~320m 之间。此带地下水既有水平循环,也有垂直运动,但以水平循环为主。此带由于水动力条件有利,因而岩溶作用最为强烈,岩溶现象以未充填的岩溶裂隙、溶孔、晶洞为主，其次为少量溶洞。在该带钻孔施工过程中常出现漏水、消耗量较大、钻进水位突降及水位恢复较快等现象。地表较大流量的泉水出露甚多。由此可见该带富水性较强，为相对富含水带。龙潭组（P_2l）含水层没有补给带，补给条件不良，故该带内其含水性较长兴组（P_2c）含水层弱。

弱含水带（或称深层循环带）：该带分别位于地表分水岭东、西两侧侵蚀基准面标高 650m 和 320m 以下。此带地下水的交替循环作用要比水平循环带缓慢得多，地下水主要是流向远处的排泄区。因此，该带岩溶的发育极缓慢，溶蚀现象少见。在施工钻孔中，仅局部见有未充填的裂隙和溶蚀晶洞，岩溶不甚发育。富水性弱，为弱含水带。

控制井田内岩溶发育的主要因素和区域岩溶发育的主要因素基本相似：即岩性、地质构造、地貌和水文四个方面。现对本井田的岩溶形态特征及分布作一概述。

溶隙：系构造裂隙进一步溶蚀而成，井田内尤以质纯层厚的二叠系长兴组（P_2c）、三叠系飞仙关组第三段（T_1f_3）和嘉陵江组最发育，有三种形式，即顺层溶隙、垂直层面溶隙和"X"形溶隙，其中垂直层面溶隙在龙王洞背斜轴部最发育。

干溶斗、溶蚀竖井、落水洞及暗河：在井田内垄脊山地和岩溶槽谷中均有分布，暗河主要分布在槽谷中。据水文地质图修测统计资料，井田水文地质单元内共发育岩溶点 370 处，岩溶发育密度 6 个/km^2。其中干溶斗占总数的 72.7%，溶蚀竖井占总数的 16.5%，落水洞占总数的 9.2%，暗河占总数的 1.6%。

3.断裂导水性

井田内地表仅发育正断层 1 条，两盘落差 30～40m。钻孔揭露隐伏逆断层 F1、F2 两条。仅 F1 切割了煤层，该断层虽为压扭性断层，但导水和富水。F2 断层为压扭性断层，导水性弱。又因其深埋于含水层深层循环带内，地下水运移缓慢，交替循环条件差，不利于断层两盘溶裂的形成，故断层两盘之富水性亦弱。但在断层破碎带附近岩心有未充填的裂隙和溶蚀晶洞，钻进水位有猛升现象。在矿井开拓建设和生产过程中，如遇这类具有特殊性的断层要采取必要的防水措施，避免突水事故发生。

4.钻孔封闭不当引起矿井充水

煤层开采顶板塌陷后，由于导水裂隙带和其他各种充水途径综合作用的结果，使这类钻孔有可能起到贯通长兴组（P_2c）含水层的作用，致水导入矿井，造成突水事故。施工的钻孔多数存在高水压或严重漏失现象，启封孔虽封闭质量较好，但代表性较差。为了确保安全生产，建议在今后矿井生产过程中开采到钻孔附近时，必须严加注意，采取先探后采等有效的防水措施。

　　5.矿井水文地质类型

　　本区矿床隐伏未露，对矿床充水的主要含水层为顶板以上岩溶裂隙含水层。含水层地下水为矿坑主要充水水源，富水性弱，断层除特殊条件下具有一定程度的导水性和富水性外，一般不导水、不富水。虽然区内对矿床充水的主要含水层富水性弱，但由于岩溶发育受岩性、地质构造、地形地貌、地下水循环交替条件及水化学成分等诸多因素的影响程度不同，故岩溶含水层的岩溶发育程度和透水性及富水性就是在同一地区同一地层也是极不均一的，是较复杂或复杂的。

　　综合上述：本区水文地质类型应属Ⅲ类Ⅱ型，即"矿床主要充水含水层以顶板岩溶裂隙含水层进水为主，水文地质条件中等的类型"。

4.4.1.2　探测方案设计与结果分析

　　本次瞬变电磁探测在龙门峡南矿大巷迎头和风巷迎头分别开展了超前探测工作，以便为矿井安全生产及探放水孔的布置提供科学合理的依据。超前探测采用共轴方式，接收线圈位于掘进头的掌子面上，发射框位于掌子面后一定距离，观测时保持发射框所在平面与接收线圈所在平面平行，且轴线处于同一条直线上，通过采取改变角度的办法进行观测。因此，探测范围将是掌子面前方的一个扇形区。

　　1.大巷迎头超前探测

　　在验证试验有效的基础上，在龙门峡南矿两个掘进头开展超前探测。由于矿井巷道狭窄，在有效探测范围内，通过减小发射框和接收框的偏转角度或通过布置垂直方向和水平方向两条测线，尽可能多地布置测点，增加结果的可靠程度。因此，在大巷迎头和风巷迎头分别布设水平方向和垂直方向两条测线，各测线上均匀布置 5 个测点，尽可能多地采集有效数据点。水平方向测点自左向右的偏转角度为：−20°、−10°、0°、10°、20°；垂直方向测点自下向上的偏转角度为：−20°、−10°、0°、10°、20°，分别探测掌子面前方水平方向和垂直方向各一个扇形区。其中，在大巷迎头水平方向和垂直方向各布设一条测线，各测点偏转角度为10°，经校正处理后，反演电阻率等值线如图 4-31、图 4-32 所示。

　　由水平方向和垂直方向反演电阻率等值线图可见，沿探测方向，电阻率值逐渐减小，距离迎头 60～70m 范围内，不存在低电阻率异常，表明巷道前方富水性较弱。当探测深度超过 70m 时，水平方向和垂直方向电阻率均显示出低阻异常特征，其位置处于巷道掘进头左下方向，在后期巷道掘进过程中应引起足够重视。矿方掘进 30m 后，布置 3 个超前探、放水钻孔进行验证，在 40m 左右的位置出现了涌水，涌水量为 20 多立方米，确保了掘进安全。

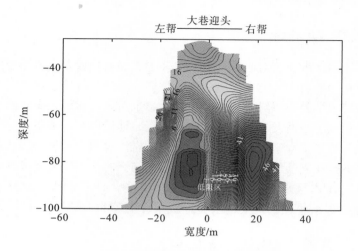

图 4-31　水平方向反演电阻率等值线图

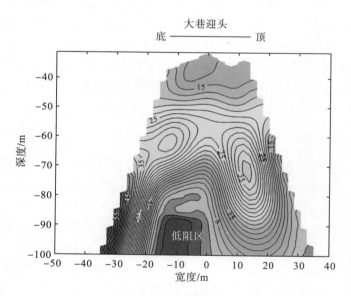

图 4-32　垂直方向反演电阻率等值线图

2.风巷迎头超前探测

风巷迎头探测时，发射框大小采用 1.5m×1.5m，发射电流 2.2A，关断时间 185μs，发射频率 6.25Hz，30 门模式。现场数据稳定可靠，能够满足探测与解译要求，通过对采集的数据进行编译整理，运用解译软件进行分析处理，分别得到反演电阻率等值线如图 4-33、图 4-34 所示。

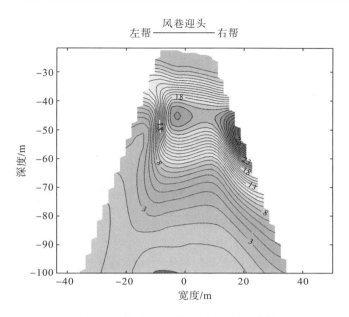

图 4-33　水平方向反演电阻率等值线图

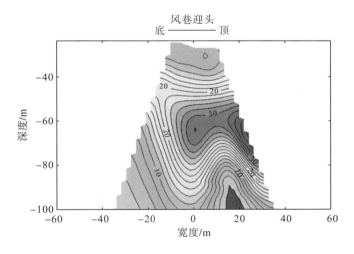

图 4-34　垂直方向反演电阻率等值线图

由风巷迎头水平方向和垂直方向反演电阻率等值线图可见，沿探测方向，电阻率值逐渐减小，距离迎头 80m 范围内，不存在低电阻率异常，说明富水可能性较小。矿方根据探测解释结果，减少了探放水钻孔数量，加快了施工进度，确保了掘进安全，同时，产生了显著的经济效益。

4.4.2　共面装置异常体探测分析

京西木城涧煤矿位于京西庙安岭—髽鬏山向斜南西段东南翼，该向斜总体呈北东向展布，轴迹呈反"S"形。煤矿构造形态与向斜南翼基本特征相吻合，构造线大致与地层走向一致，沿 NEE 方向平行展布，呈弧形凸出。区内褶皱、断层均相当发育，以褶皱为主、断层为辅（王强，2010；王桂梁 等，2007）。采区内水文地质条件简单，局部小褶曲及裂隙发育，造成煤层顶板滴淋水现象，对采掘有一定影响。

4.4.2.1　矿井地质特征

工作面位于矿井+250m 水平西一采区二槽，其东部以+450m 水平北石门保护煤柱和+250m 水平线为界，西至+450m 水平线，南以+450m 水平线为界，北以不可采边界线为界（图 4-35）。在+450m 水平西二石门二槽四壁下顺槽积水区内存有积水，积水量已达到 38 000m^3，掘进至探放水警戒线时应制定相关探放水措施。工作面煤层底板情况见表 4-3。

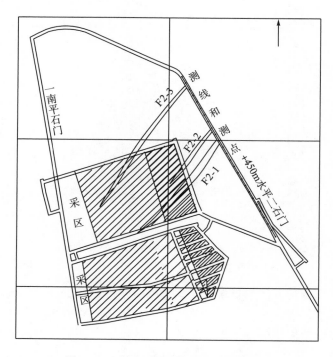

图 4-35　采掘工程布置图与施工设计图

表 4-3　工作面煤层顶底板岩性

顶板名称	岩石名称	厚度/m	岩性特征
老顶	细砂岩	15.0~25.0	灰黑色、中厚层状
直接顶	粉砂岩	2.0~3.0	灰黑色、中厚层状
伪顶	碳质粉砂岩	0.2~1.5	灰黑色、薄层状
直接底	粉砂岩	1.0~2.0	中厚层状
老底	凝灰质粉砂岩	15.0~26.0	灰黑色、中厚层状、水平层理

4.4.2.2　井下工程设计及数据采集

由于采空区离+450m 水平二石门最近,为使探测效果更好地反映采空区的富水特征,本次矿井瞬变电磁探测选择沿+450m 水平二石门右帮依次向前进行探测,布置测点 26 个,测点间距 10m,总探测长度约 250m(图 4-35)。

设备选用加拿大 GEONICS 公司生产的 TEM47,根据井下施工条件,选用边长为 1.5m 的正方形发射框。为从多方向、多角度对采空区进行探测,本次探测过程中采集了两组数据,分别为数据组 D1 和数据组 D2,其中 D1 是垂直右帮方向,D2 是沿右帮斜下 45° 方向。仪器自动观测记录随时间变化的二次电场电位差,每点采样 30 门。

4.4.2.3　探测结果分析

根据采集的两组数据,把实际采集的瞬变响应数据转化成视电阻率参数,再反演出与其对应的深度。通过输入高程数据并适当调整参数,对巷道内的钢支护、铁轨、电缆、水仓等产生的影响进行校正处理,分别绘制出反演电阻率剖面图(图 4-36)。图中横坐标为布置在巷道内的测点坐标,纵坐标为对煤层底板进行探测的距离。图 4-36(a)为沿 45° 斜下方探测结果,图 4-36(b)为垂直侧帮探测结果。图中不同色阶代表视电阻率相对高低,数值越小,电阻率越低,富水性越强;反之,数值越大,电阻率越高,富水性也越弱。

采空区由于含水主要呈低阻反应,局部不含水,则呈高阻反应。分析两组瞬变电磁探测视电阻率等值线变化规律可知:沿测线方向(图 4-36 中横轴方向),视电阻率等值线呈水平分布,变化平缓,局部地段由于富水,电阻率偏低,说明底板探测范围内岩层电性沿巷道方向基本均匀分布。沿探测深度方向(图 4-36 中纵轴方向)0~20m 范围内,视电阻率值递变减小;沿探测深度方向 20m 范围外,视电阻率等值线总体横向变化大。沿测线方向 65~225m 范围内,不连续分布低阻异常区,探测结果与采空区实际位置基本吻合,表明采空区内部富水性较强，局部地区由于顶板垮塌无水，导致电阻率升高。通过两组数据处理结果对比分析可知，沿右帮斜下 45°方向探测（D2）比垂直右帮方向（D1）探测效果更好，富水范围更准确。这是由于采空区位于+450m 水平二石门右侧斜下方向约 60m 处，与石门之间存在约 20m 的高度差所致。因此，在进行井下探测工程设计时，要考虑巷道与富水构造之间的空间位置关系，以设计合理有效的探测方式。根据瞬变电磁探测结果，建议在+250m 水平西一采区二槽工作面周围留设合适的防水煤柱，当周边采区掘进至探放水警戒线时应制定相关探放水措施，以保障工作面的安全回采。

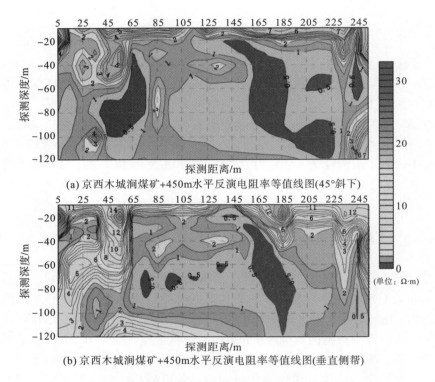

(a) 京西木城涧煤矿+450m水平反演电阻率等值线图(45°斜下)

(b) 京西木城涧煤矿+450m水平反演电阻率等值线图(垂直侧帮)

图 4-36　木城涧煤矿＋450m 水平反演电阻率等值线图

综上所述，通过对京西木城涧煤矿采空区进行瞬变电磁富水性探测，结果表明采空区内富水性较强，局部地区由于顶板垮塌作用，富水性减弱，电阻率呈现不均匀现象，探测位置与采空区实际位置基本吻合。因此，建议在采空区周边留设合适的防水煤柱，以保障周边采区的安全回采。

4.4.3 大定源装置异常体探测分析

4.4.3.1 测区概况

测区位于山西省中部,吕梁山东麓黄土高原区,以侵蚀土塬、梁峁为主,相对高差达 300m。区内河谷发育,沟坡陡峭。地层走向 NW,倾向 NE,倾角一般小于 10°。经钻孔揭露的地层依次为奥陶系中统上马家沟组和峰峰组、石炭系中统本溪组和上统太原组、二叠系下统山西组和下石盒子组以及上统上石盒子组和石千峰组、第四系。主要含煤地层为山西组和太原组,共含煤 17 层,煤层总厚 19.8m,含煤地层总厚 156.2m,主可采煤层平均埋深约 600m。

测区之前曾发生过突水事故,经安全整顿后计划重新开采。为探明测区内煤系地层各含水层的富水情况及其水力联系,重点控制影响下组煤开采的顶、底板含水层的富水区域及其与其他含水层的水力联系,以及各煤层采空区的分布范围及富水状况,控制采空区和积水边界,拟采用地面瞬变电磁法开展工作。由于整个测区面积较大,本节仅从中选取了部分测区进行论述(图 4-37,彩图见附录)。

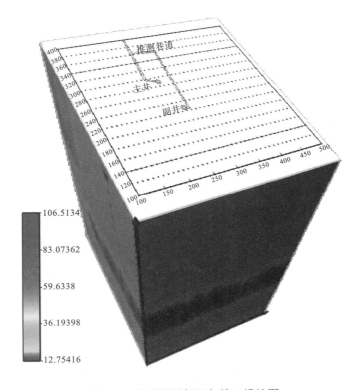

图 4-37 部分测区概况与施工设计图

4.4.3.2　勘探区地球物理特征与参数试验

据测区以往工作和测井资料，黄土视电阻率小于 30Ω·m；泥岩视电阻率为 30～100Ω·m；砂岩视电阻率为 80～200Ω·m；煤层视电阻率为 150～350Ω·m；灰岩视电阻率为 200～500Ω·m。当地层或构造含水时，由于地下水的流动及电离作用，视电阻率呈现低阻特征。分析对比视电阻率差异，可以达到圈定低阻异常区及划分含水范围的目的(张晓峰，2011；梁建刚，2009；梁爽 等，2003)。为获得目标层的最佳探测效果，须在施工前根据目标层的埋深，对发射线框大小、频率及电流进行适当选择(熊家勤，2012；梁建刚 等，2008)。

1.发射框尺寸试验

增大发射回线和接收回线边长，可以增强信号的强度，增大勘探深度，但会给测线铺设带来困难，还会降低横向分辨率，在增强有效信号的同时也使噪声信号增强。因此，在野外施工时一般都尽可能地选择小回线源。根据以往工作经验，结合测区内目标层的埋深，选用 600m×600m、800m×800m 线框尺寸进行试验，绘制了 6.25Hz 频率下各测道时间与探测深度关系曲线(图 4-38)，两者均能满足探测要求，线框尺寸越小其分辨率越高，更有利于分辨异常形态，故本次试验选用 600m×600m 发射线框。

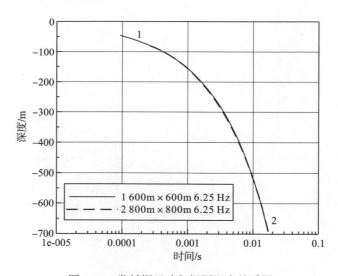

图 4-38　发射框尺寸与探测深度关系图

2.发射频率试验

一般而言，高频部分主要集中在地表附近，而低频部分传播到深处，发射低频电磁信号更利于探测深部异常目标体，但却会损失部分浅部有用信息。因此，选用何种频率要结合探测目标进行。发射频率试验选用 600m×600m 发射线框，25Hz、6.25Hz、2.5Hz 的发射频率。由图 4-39 可见，25Hz 最大探测深度小于目的层最大埋深，不能满足本次生产需要，故不采用。6.25Hz、2.5Hz 的衰减曲线在 20 门以前都能正常衰减，在 20 门以后 2.5Hz 的衰减曲线尾枝出现严重畸变，干扰信号大，影响了数据质量，增加了多解性和资料处理解释的难度。故采用 6.25Hz 的发射频率。

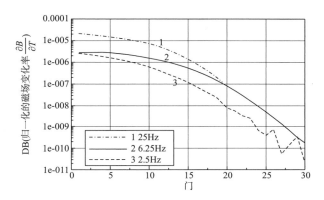

图 4-39　发射频率与二次场衰减曲线关系图

3.供电电流试验

发送电流对探测深度的影响并不明显，主要为增强磁矩，压制干扰。为了提高信噪比，发送电流最好控制在 10A 以上，但有时候受地形条件制约。从图 4-40 可以看出，15A 及 20A 衰减曲线在前 25 门均能正常衰减，满足生产要求。探测过程中由于地形等原因会加长引线，增大导线电阻，导致发送电流会降低。考虑到生产过程中全区电流保持统一，故舍去 20A 供电电流，选择 15A。

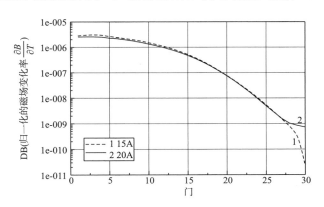

图 4-40　供电电流与二次场衰减曲线图

4.4.3.3 施工设计与结果分析

根据勘查目的和分辨率要求，设计测线距 20m，测点距 10m，测线近东西向分布，以测点/测线分别编号。仪器选用加拿大 GEONICS 公司的 PROTEM57，发射框尺寸为 600m×600m，基频 6.25Hz，供电电流 15A，30 门采集，三分量接收，尽量抑制干扰，确保采集数据质量。由于测区煤系地层连续性较好，煤层倾角较小（<10°），地形变化多是由于地表覆盖层厚度不均造成的（范涛，2012）。在缺少自动化软件的条件下，通过全站仪记录测点坐标，采用简单的几何校正办法进行地形校正后，采集数据经软件反演处理后，绘制出电阻率体视图（图 4-41）及不同方向切片图（图 4-42、图 4-43）。

由图 4-41、图 4-42、图 4-43（彩图见附录）可知，测区电阻率变化平缓，近似水平成层分布。由表及深，第四系（Q）高阻层、二叠—三叠系低阻含水层及煤系高阻层特征明显，呈现高阻→低阻→高阻规律性变化的特征。

其中，煤系地层高阻分布连续，无明显低阻异常现象，说明该测线之下地层完整性较好，无开拓巷道或其他异常体。图 4-42 中 100 号测线煤系地层以上区域电阻率分布特征与 260 号、400 号相似，不同之处在于，煤系高阻层不连续，中间出现明显的低阻异常，与图 4-44（彩图见附录）中推测巷道所处的位置基本一致。试验表明，测区各电性标志层差异明显，容易识别，对异常区反应灵敏，能够满足勘探要求，适合运用瞬变电磁法开展工作。

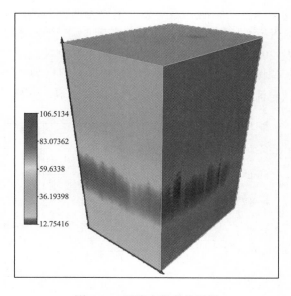

图 4-41　反演电阻率体视图

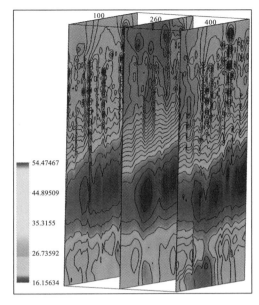

图 4-42　电阻率垂向切片图

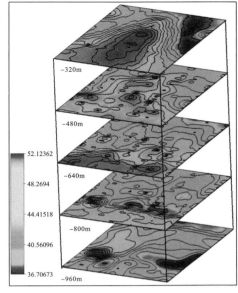

图 4-43　电阻率不同深度切片图

测区共布设测线 16 条，测点 656 个。所有测线经反演后，选择 100、160、200、260、300、360、400 共 7 条测线绘制电阻率等值线切片图(图 4-44)，通过煤系高阻层中不连续分布的低阻异常，基本可以推断出测区范围内巷道分布情况。由于该巷道长期废弃使用，顶板冒落坍塌，在图 4-44 中表现为低阻异常向上延伸，可能导通二叠系—三叠系含水层，在后期矿井生产和水害防治中应引起重视。

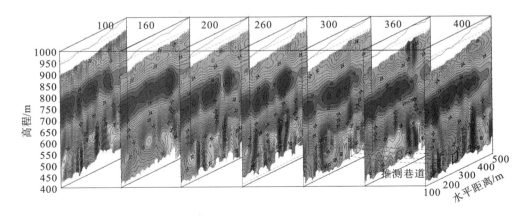

图 4-44　反演电阻率等值线三维切片图

第5章 地质异常体频率域电磁法 (FEM)响应特征

　　大地电磁测深(magnetotelluric，MT)是以天然电磁场为场源来研究地球内部电性结构的一种地球物理手段，利用的主要是大地电磁脉动，起因主要来自太阳辐射在高空形成的电离层和其中产生的电磁扰动，它们的变化周期在 0.1～1500s范围内(汤井田 等，2015)。所观测的电磁场信号十分微弱，电场振幅最低仅为 0.01mV / km，磁场的振幅最低为 0.001nT。

　　而高频大地电磁场变化部分是由位于赤道上空的一种称为雷暴系统的局部天气系统引发的，它是声频大地电磁法(audio magnetotelluric，AMT)的场源，周期小于 1s。对于如此微弱的信息，即使在一般的干扰背景上，也会使微弱的电磁信号淹没在噪声之中，以至于无法提取真实的大地电磁信号，因而对观测仪器有很高的精度要求，同时如何有效地识别、抑制干扰噪声也至关重要。

　　加拿大学者 Goldstein 和 Strangway(1975)在 20 世纪 70 年代提出可控源音频大地电磁法(controlled source audio-frequency magnetotelluric，CSAMT)(钟苏美 等，2018)。该方法由于使用可控制的人工场源，克服了大地电磁法场源的随机性和信号微弱的缺点，信号强度比天然场要大得多，可以大大降低工业干扰的影响，近几十年来得到了快速的发展(张克聪 等，2016)。CSAMT 采用一次发射七个点同时接收和 GPS 时间控制同步的方式，使工作效率大大提高。基于电磁波的趋肤深度原理，利用改变频率进行不同深度的测量，勘探深度可达 1～2km，是浅层地球物理勘探的一种有力手段(龚飞等，2004)，目前已广泛地应用于矿产、油气和地热等资源探测以及水文环境和地质工程等领域。

　　胡建德等(1997)论述了如何在大地电磁测深二维正演计算的基础上，结合线电流源声频大地电磁测深的边界条件，利用三角形六节点有限元法计算 TE极化方式 CSAMT 二维响应的方法。雷达(2010)对起伏地形下 CSAMT 采用加权余弦数值积分法，进行波数域电磁场二维有限单元法正演，实现了在国内常用赤道电偶极装置的 CSAMT 二维正演计算。张兆桥等(2016)在二维有限元数值模拟中，单元剖分采用非均匀网格剖分，提高了正演的计算效率，实现了对复杂二维电性结构的正演。邱长凯等(2018)通过层状各向异性模型检验三维有限元算法的精度和有效性，进一步建立三维地电模型研究异常体各向异性和围岩各向异性对 CSAMT 响应的影响，最后使用视电阻率极性图来识别各向异性电导率主轴方向。底青云等(2006)开展了 2.5 维有限元法 CSAMT 数值反演研究。林昌洪等(2012)把有限差分数值模拟方法用于可控源音频大地电磁三维正演，结合正则化反演方案和共轭梯度反演的思路，将反演中的雅可比矩阵计算问题转为求解两次"拟正演"问题，得到模型参数的更新步长，形成反演迭代，实现了可控源音频大地电磁三维共轭梯度反演算法。苏超等(2018)将 CSAMT 方法应用于山西某煤矿采空区探测，校正后的反演结果与已知资料吻合，取得了良好的探测效果。王显祥等(2012)以 CSAMT 勘探实例，展现出 3D 可视化方法技术的突出优势。

我国煤层往往分布在地下几百米至上千米深度范围内，矿区内存在较强的工业或矿山开采电流干扰，在此观测条件下，要对矿区内断层、采空区、含水破碎带、岩溶陷落柱等信息进行探测是很困难的。CSAMT 法作为一种电法勘探手段，在接收电场的同时接收磁场，因此高阻屏蔽作用小、纵向及横向分辨率高、构造反应明显，无疑是煤矿勘查中一种较为有效的手段。张永超等(2016)采用 CSAMT 在王家山煤矿大采深急倾斜煤层采空区探测，获得了高分辨率的视电阻率断面图，其结果与钻探结果吻合。张克聪等(2016)运用高分辨率 CSAMT 探测浅埋煤层采空区。李江华等(2013)采用可控源音频大地电磁法对国兴煤矿煤层采空区勘探，进而为评价老空水对工作面的开采影响以及制定出合理的探放水方案和探放水技术措施提供了可靠依据。

CSAMT 现场工作布置如图 5-1 所示。

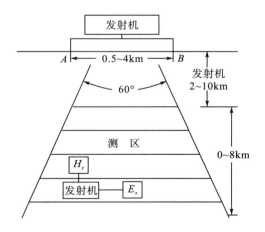

图 5-1　CSAMT 工作布置示意图

5.1　CSAMT 基本原理

5.1.1　卡尼亚视电阻率计算公式

CSAMT 法基于电磁波传播理论和麦克斯韦方程组，推导出的水平电偶极源在地面上的电场及磁场公式如下（韩浩亮 等，2011）：

$$E_x = \frac{Id_{AB}\rho_1}{2\pi r^3}(3\cos^2\theta - 2) \tag{5-1}$$

$$E_y = \frac{3Id_{AB}\rho_1}{4\pi r^3}\sin^2\theta \tag{5-2}$$

$$E_z = (i-1)\frac{Id_{AB}\rho_1}{2\pi r^2}\sqrt{\frac{2\rho_1}{\mu_0\omega}}\cos\theta \tag{5-3}$$

$$H_x = -(i+1)\frac{3Id_{AB}}{4\pi r^3}\sqrt{\frac{2\rho_1}{\mu_0\omega}}\cos\theta\sin\theta \tag{5-4}$$

$$H_y = (i+1)\frac{Id_{AB}}{4\pi r^3}\sqrt{\frac{2\rho_1}{\mu_0\omega}}3(\cos^2\theta - 2) \tag{5-5}$$

$$H_z = i\frac{3Id_{AB}\rho_1}{2\pi\mu_0\omega r^4}\sin\theta \tag{5-6}$$

式中，I 为供电电流强度；d_{AB} 为供电偶极长度；r 为场源到接收点之间的距离；ω 为角频率；μ_0 为真空磁导率；θ 为相位角，表示电偶极源和源的中心点到接收点矢量间的夹角。

由此，根据卡尼亚公式，可以推导出水平电偶极源"远场区"的卡尼亚视电阻率 ρ_s 和平行电场（E_x）、垂直磁场（H_y）的关系式（李金铭，2007；宋玉龙 等，2013）：

$$\rho_s = \frac{1}{5f}\left|\frac{E_x}{H_y}\right|^2 \tag{5-7}$$

式中，ρ_s 为视电阻率，$\Omega\cdot m$；f 为频率，Hz；E_x 为电场强度，MV/m；H_y 为磁场强度，nT。

5.1.2　视相位计算公式

地下地质体具备电阻、电容和电感具有阻抗张量的特点，不管是理论推导还是实际测量到的视电阻率和视相位信息，均会随着地下岩性间的电性结构呈现不同的变化形式，它们都是对宏观体积效应的不同反应。

根据电磁场场强表达式可知，电场信息和磁场信息均由实部和虚部两部分构成：

$$E = \mathrm{Re}(E) + \mathrm{i}\,\mathrm{Im}(E)$$
$$H = \mathrm{Re}(H) + \mathrm{i}\,\mathrm{Im}(H)$$

(5-8)

式中，$\mathrm{Re}(E)$ 和 $\mathrm{Re}(H)$ 为电场、磁场实部；$\mathrm{Im}(E)$ 和 $\mathrm{Im}(H)$ 为电场、磁场虚部。

因此视相位公式，推导如下：

$$\varPsi_s = \tan^{-1}\frac{\mathrm{Im}(E,H)}{\mathrm{Re}(E,H)}$$

(5-9)

上式物理表示为观测到的电场强度和磁场强度存在明显的相位差，表达如下：

$$\varPsi_s = \varPsi_E - \varPsi_H$$

(5-10)

5.1.3　CSAMT 探测深度

通过地面上观测到的两个正交的水平电磁场 $(E_x、H_y)$，可获得地下的卡尼亚视电阻率。根据电磁波的趋肤效应理论，可以导出探测深度的公式：

$$\delta \approx 356\sqrt{\frac{\rho_s}{f}}$$

(5-11)

式中，δ 为探测深度，m；ρ_s 为视电阻率，$\Omega\cdot\mathrm{m}$。

当电阻率一定时，频率与探测深度成反比，可以通过改变发射频率来改变探测深度，从而达到变频测深的目的。

5.2　CSAMT 二维有限单元正演模拟

5.2.1　CSAMT 二维有限单元正演模拟基本原理

正演过程是反演工作的基础，因此正演模型的设定和方法的选择对于后期数据反演拟合十分重要。该过程就是已知地下地电模型，求解地面电磁场与地下介质卡尼亚电阻率分布之间的相互关系。

如图 5-2 所示地电模型结构，y 方向为地质体的走向方向，地质体沿走向方向无限延伸，沿着 y 方向电导率 σ、介电常数 ε、磁导率 μ 保持不变，它们只在 x-z 平面方向发生变化，电偶极子也是沿着走向方向放置。

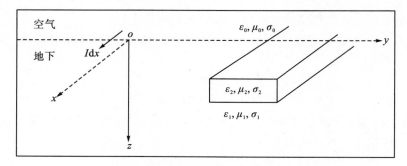

图 5-2　地电模型结构图

电场 E 和磁场 H 的麦克斯韦方程组如下：

$$\begin{cases} \nabla \times E = \mathrm{i}\omega\mu H \\ \nabla \times H = (\sigma - \mathrm{i}\omega\mu \boldsymbol{I})E + J_s \\ \nabla \cdot B = 0 \\ \nabla \cdot D = 0 \end{cases} \tag{5-11}$$

式中，$\boldsymbol{I}$ 为单位矩阵；E 为电场强度，V/m；B 为磁感应强度，$\mathrm{Wb/m}^2$；D 为位移，$\mathrm{C/m}^2$；H 为磁场强度，A/m；J_s 为源电流密度，$\mathrm{A/m}^2$；ω 为角频率；μ 为磁导率；ε 为介电常数。

由于地质体走向与 x 轴平行，故 $\dfrac{\partial E_z}{\partial x} = 0$，$\dfrac{\partial E_y}{\partial x} = 0$。式（5-11）可表示为

$$\begin{cases} \dfrac{\partial E_z}{\partial y} - \dfrac{\partial E_y}{\partial z} = \mathrm{i}\omega\mu H_x \\ \dfrac{\partial E_x}{\partial z} = \mathrm{i}\omega\mu H_y \\ -\dfrac{\partial E_x}{\partial y} = \mathrm{i}\omega\mu H_z \end{cases} \tag{5-12}$$

$$\begin{cases} \dfrac{\partial E_z}{\partial y} - \dfrac{\partial E_y}{\partial z} = \sigma_{11}E_x + \sigma_{12}E_y + J_{sx} \\ \dfrac{\partial E_x}{\partial z} = \sigma_{21}E_x + \sigma_{22}E_y \\ -\dfrac{\partial E_x}{\partial y} = \sigma_{33}E_z \end{cases} \tag{5-13}$$

其中，

$$\sigma_{11} = \sigma_{x'}\cos^2\theta + \sigma_{y'}\sin^2\theta - \mathrm{i}\omega\varepsilon$$

$$\sigma_{22} = \sigma_{y'}\cos^2\theta + \sigma_{x'}\sin^2\theta - \mathrm{i}\omega\varepsilon$$

$$\sigma_{12} = \sigma_{21} = \sin\theta\cos\theta(\sigma_{y'} - \sigma_{x'})$$

式中，θ 为测量坐标轴 x 轴与电性主轴 x' 间的旋转夹角。

由式(5-12)和式(5-13)可知，若 E_x 和 H_x 为已知，则 E_y、E_z 和 H_y、H_z 均可求得，故可将其简化为只含 E_x 和 H_x 的方程，公式为

$$\frac{1}{\mathrm{i}\omega\mu}\left(\frac{\partial^2 E_x}{\partial y^2}+\frac{\partial^2 Ex}{\partial z^2}\right)+\left(\sigma_{11}-\frac{\sigma_{12}^2}{\sigma_{22}}\right)+\frac{\sigma_{12}}{\sigma_{22}}\frac{\partial H_x}{\partial z}+J_{sx}=0 \tag{5-14}$$

$$\frac{1}{\sigma_{33}}\frac{\partial^2 H_x}{\partial y^2}+\frac{1}{\sigma_{22}}\frac{\partial^2 H_x}{\partial z^2}+\mathrm{i}\omega\mu H_x-\frac{\sigma_{12}}{\sigma_{22}}\frac{\partial E_x}{\partial z}=0 \tag{5-15}$$

采用有限元方法对方程进行求解。在处理边界条件时，采用第三类边界条件且外边界取得足够远，并利用伽辽金方法来推导以上两式的有限元方程，为此将整个计算区域划分成若干矩形小单元，在每个网格中进行双线性插值，并对单元的加权积分求和，公式为

$$\sum_{e=1}^{N^e}\sum_{j=1}^{4}\left(\iint_{\Omega}\frac{1}{\mathrm{i}\omega\mu}\left(\frac{\partial N_j}{\partial y}\frac{\partial E_x}{\partial y}+\frac{\partial N_j}{\partial z}\frac{\partial E_x}{\partial z}\right)\mathrm{d}y\mathrm{d}z-\iint_{\Omega}N_j\left(\sigma_{11}-\frac{\sigma_{12}^2}{\sigma_{22}}\right)E_x\mathrm{d}y\mathrm{d}z\right.$$
$$\left.-\iint_{\Omega}N_j\frac{\sigma_{12}}{\sigma_{22}}\frac{\partial H_x}{\partial z}\mathrm{d}y\mathrm{d}z-\iint_{\Omega}N_jJ_{sx}\mathrm{d}y\mathrm{d}z\right)+\sum_{m=1}^{N^m}\sum_{c=1}^{2}\int_{\Gamma}\frac{k\cos\beta}{\mathrm{i}\omega\mu}N_eE_x\mathrm{d}l=0 \tag{5-16}$$

$$\sum_{e=1}^{N^e}\sum_{j=1}^{4}\left(\iint_{\Omega}\left(\frac{1}{\sigma_{33}}\frac{\partial N_j}{\partial y}\frac{\partial H_x}{\partial y}+\frac{1}{\sigma_{22}}\frac{\partial N_j}{\partial z}\frac{\partial H_x}{\partial z}\right)\mathrm{d}y\mathrm{d}z-\iint_{\Omega}\mathrm{i}\omega\mu N_jH_x\mathrm{d}y\mathrm{d}z\right.$$
$$\left.+\iint_{\Omega}\frac{\sigma_{12}}{\sigma_{22}}N_j\frac{\partial E_x}{\partial z}\mathrm{d}y\mathrm{d}z\right)+\sum_{m=1}^{N^m}\sum_{c=1}^{2}\int_{\Gamma}\frac{k\cos\beta}{\sigma_{11}}N_cH_x\mathrm{d}l=0 \tag{5-17}$$

式中，Ω 为单元区域；N^e 为单元总数；N^m 为边界单元总数；$N_j(\ j=1,2,3,4)$ 为单元插值函数；$N_c(c=1,2)$ 为边界单元插值函数；β 为源到边界上任意一点的矢径与边界法线的夹角。

式(5-16)、式(5-17)即为各向异性条件下二维 CSAMT 的最终计算公式，其中：Ω 为单元区域，N^e 为单元总数，N^m 为边界单元总数，$N_j(\ j=1,2,3,4)$ 为单元插值函数，$N_c(c=1,2)$ 为边界单元插值函数，β 为源到边界上任一点的矢径与边界法线方向的夹角。

为求解式(5-16)和式(5-17)，将其进行单元分析(未考虑边界条件)并得到如下线性方程：

$$\begin{pmatrix} S_{jn} & T_{jn} \\ -T_{jn} & W_{jn} \end{pmatrix}\begin{bmatrix} E_{xj} \\ H_{xj} \end{bmatrix}=\begin{pmatrix} \boldsymbol{P} \\ \boldsymbol{Q} \end{pmatrix} \tag{5-18}$$

式中，

$$S_{jn}=\iint_{\Omega}\left(\frac{1}{\mathrm{i}\omega\mu}\left(\frac{\partial N_j}{\partial y}\frac{\partial N_n}{\partial y}+\frac{\partial N_j}{\partial z}\frac{\partial N_n}{\partial z}\right)-N_j\left(\sigma_{11}-\frac{\sigma_{12}^2}{\sigma_{22}}\right)N_n\right)\mathrm{d}y\mathrm{d}z$$

$$W_{jn} = \iint_{\Omega} \left(\frac{1}{\sigma_{33}} \frac{\partial N_j}{\partial y} \frac{\partial N_n}{\partial y} + \frac{1}{\sigma_{22}} \frac{\partial N_j}{\partial z} \frac{\partial N_n}{\partial z} \right) \mathrm{d}y\mathrm{d}z$$

$$T_{jn} = -\frac{\sigma_{12}}{\sigma_{22}} \iint_{\Omega} N_j \frac{\partial N_n}{\partial z} \mathrm{d}y\mathrm{d}z$$

$\boldsymbol{Q}$ 是全为零的列向量，$\boldsymbol{P}$ 为含源的列向量。对整个区域里每个单元，都可得到形如式(5-18)的方程，把这些方程组合成一个大型的矩阵方程，最后再将边界条件引入，即可得到最终求解的线性方程。

在场源的处理上，长线源的表达式为

$$J_{s_x} = I\delta_y(y)\delta_z(z) \tag{5-19}$$

其中，I 为电流；$\delta_i(i)$ ($i=y, z$) 为伪 δ 函数。

通过求解线性方程组，得到和的节点值后，将其代入下面式(5-20)和式(5-21)即可解得 E_y、H_y 的节点值，公式为

$$H_y = \frac{1}{\mathrm{i}\omega\mu} \frac{\partial E_x}{\partial z} \tag{5-20}$$

$$E_y = \frac{1}{\sigma_y - \mathrm{i}\omega\varepsilon} \frac{\partial H_x}{\partial z} \tag{5-21}$$

最后用求得的场值算出视电阻率和阻抗相位。区域网格剖分时，采用非等间距网格剖分方式，在源处和观测区域网格加密，其他计算区域(含空气、边界)网格适当稀疏(熊治涛 等，2017)。

5.2.2　断层模拟分析

1.模型设置

为模拟断层对电磁场的响应特征，设计如图 5-3 所示逆断层模型。模型横向长 3000m，深 2000m，第四系砂砾岩覆盖层电阻率设为 150Ω·m，煤层顶板砂岩、底板泥页岩电阻率分别设为 300Ω·m、500Ω·m，煤层电阻率设为 1000Ω·m，底部厚层灰岩电阻率设为 10000Ω·m，中部设一电阻率为 50Ω·m 的断层破碎带，倾角 76°，穿切煤系地层和底板厚层灰岩。

2.正演模拟分析

采集频率为 8～9600Hz，共设置 40 个频点，观测点距 100m，共 30 个测点，正演计算完成后，分别绘制 CSAMT 卡尼亚视电阻率和阻抗相位断面图(图 5-4)，其中(a)、(b)和(c)、(d)分别为 TE 模式和 TM 模式的视电阻率和阻抗相位二维断面图，横坐标为测线长度(单位 km)，纵坐标以频率对数形式表示(单位 Hz)。

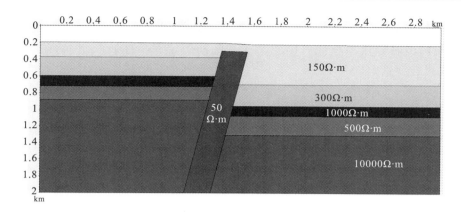

图 5-3　断层模型示意图

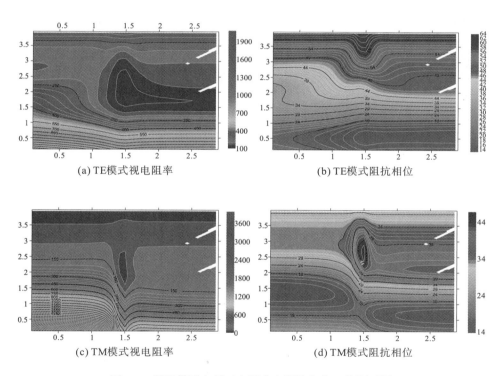

(a) TE模式视电阻率　　　　　　　　　(b) TE模式阻抗相位

(c) TM模式视电阻率　　　　　　　　　(d) TM模式阻抗相位

图 5-4　断层模型卡尼亚电阻率和阻抗相位二维断面图

　　由 CSAMT 卡尼亚视电阻率和阻抗相位断面图 5-4 分析可知，TM 模式对不同电性岩层识别较好，分辨率高，对断层位置、延伸范围反应较准确，与模型基本吻合，且很好地反映出断层两侧地层的错动情况，断层位置、倾向、断距容易识别。而 TE 模式模拟结果较差，对各地层界面无法清晰识别，虽然能够识别断层的位置，但断层规模、性质等识别困难，表明 TE 模式在分辨垂向构造时分辨率较低。因此，在判断断层位置、性质及走向时主要运用 TM 模式进行判定。

3.反演分析

正演结果经反演后，分别绘制 TE、TM 和 TE&TM 数据非线性共轭梯度法（nonlinear conjugate gradient，NLCG）反演电阻率对数断面图。横坐标为测线长度（单位 m），纵坐标为反演深度（单位 m）。

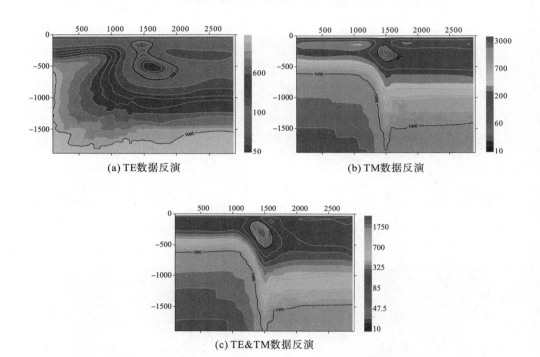

图 5-5　断层模型非线性共轭梯度法（NLCG）反演电阻率对数断面图

从反演结果分析（图 5-5），TM 数据和 TE&TM 数据反演结果基本一致，对不同地层识别较好，分辨率高，对断层所在位置、范围反应较准确，很好地显示出断层两侧地层的错动情况，断层位置、倾向、断距容易识别，与模型基本吻合，反演效果较好。TE 数据反演结果对各地层界面无法清晰识别，虽对断层有所反应，但断层规模、性质、延伸范围等难以识别，反演结果较差。因此，优先选用 TM 数据和 TE&TM 数据进行反演。

5.2.3 含水陷落柱模拟分析

1.模型设置

为模拟充水陷落柱对电磁场的响应特征，设计如图 5-6 所示陷落柱模型。煤系地层成层分布，地层倾角 4°。煤层底板设一电阻率为 50Ω·m 的陷落柱，陷落柱上小下大，穿切底部厚层灰岩和煤层底板砂岩。其他参数设置与断层模型相同。

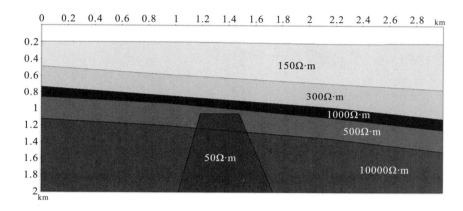

图 5-6 含水陷落柱模型示意图

2.正演分析

由 CSAMT 卡尼亚视电阻率和阻抗相位断面图(图 5-7)分析可知，TE 模式和 TM 模式对近水平状地层分辨率较高，各地层界限清晰，具有连续性，易于追踪识别。其中，TE 模式对于陷落柱的位置、规模反应较准确，与模型设置基本吻合，但异常体呈扁平状，发散较大。而 TM 模式对陷落柱几乎无反应。因此，在判断陷落柱位置及规模时，运用 TE 模式解释更有效。

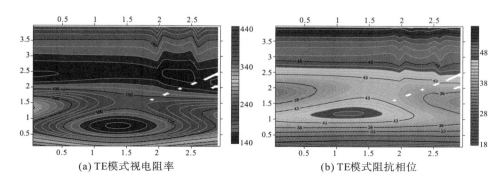

(a) TE模式视电阻率   (b) TE模式阻抗相位

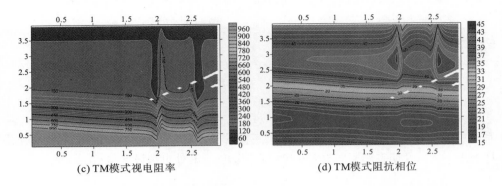

(c) TM模式视电阻率　　　　　　　　　(d) TM模式阻抗相位

图 5-7　含水陷落柱模型卡尼亚视电阻率和阻抗相位二维断面图

3.反演分析

正演结果经反演后，分别绘制 TE、TM 和 TE&TM 数据非线性共轭梯度法（NLCG）反演电阻率对数断面图（图 5-8）。横坐标为测线长度（单位 m），纵坐标为反演深度（单位 m）。

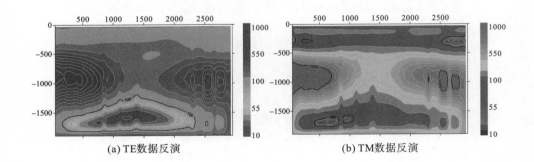

(a) TE数据反演　　　　　　　　　　(b) TM数据反演

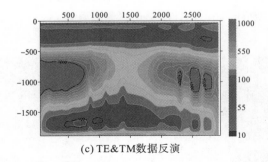

(c) TE&TM数据反演

图 5-8　含水陷落柱模型非线性共轭梯度法（NLCG）反演电阻率对数断面图

从反演结果分析(图 5-8)，TE 数据、TM 数据和 TE&TM 数据反演结果基本一致，各地层界限清晰，易于追踪识别，且均对含水陷落柱有明显的低阻异常反应，与模型设置基本吻合，但反演后的陷落柱范围偏大，可能是陷落柱埋深较大的缘故。从反演剖面上可见明显的"挂面条"现象，可能是由于静态效应的影响，位置与正演模拟的位置基本一致。

5.2.4　含水采空区模拟分析

1.模型设置

为模拟含水采空区对电磁场的响应特征，设计如图 5-9 所示采空区模型。煤系地层倾角设为 4°。煤层中部设一电阻率为 $50\Omega\cdot m$ 的低阻区，用以模拟含水采空区，其他设置与含水陷落柱模型相同。

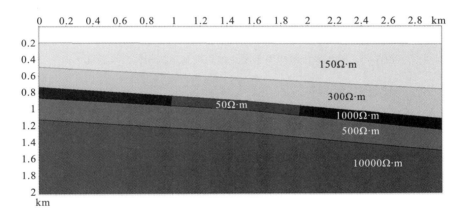

图 5-9　含水采空区模型示意图

2.正演分析

由 CSAMT 卡尼亚视电阻率和阻抗相位断面图(图 5-10)分析可知，TE 模式和 TM 模式对近水平状地层分辨率较高，各地层界限清晰，易于识别，但由于高阻煤层中低阻采空区的存在，导致局部视电阻率曲线紊乱，破坏了地层分布的连续性。其中，TE 模式和 TM 模式对煤层中低阻采空区均有较为明显的响应，位置反应较准确，与模型设置基本吻合，视电阻率等值线形态基本一致。但 TE 模式下，异常体更加扁平，发散较大，而 TM 模式下异常区范围小一些。因此，在判断含水采空区时，运用 TE 模式和 TM 模式均能达到理想效果。

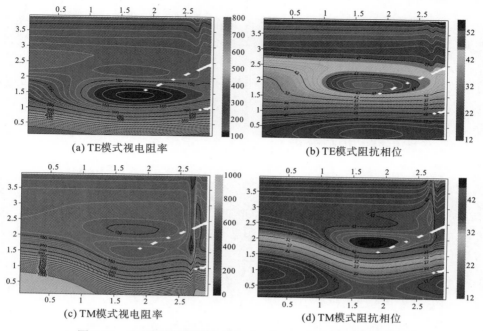

图 5-10　含水采空区模型卡尼亚电阻率和阻抗相位二维断面图

3.反演分析

正演结果经反演后，分别绘制 TE 数据、TM 数据和 TE&TM 数据非线性共轭梯度法(NLCG)反演电阻率对数断面图(图 5-11)。横坐标为测线长度(单位 m)，纵坐标为反演深度(单位 m)。

从反演结果分析(图 5-11)，TE 数据、TM 数据和 TE&TM 数据反演结果基本一致，反演结果较正演结果更精确，地层产状清晰，易于追踪识别。虽然采空区范围设置较小，但三者均对含水采空区有明显的低阻异常反应，位置、埋深、规模与模型设置也基本吻合，推断可能是由于含水采空区埋深较含水陷落柱浅，表明 CSAMT 法对合适埋深的低阻异常有较强分辨率。

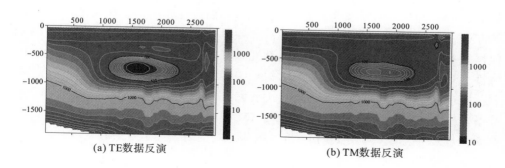

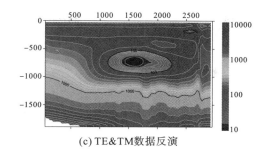

(c) TE&TM数据反演

图 5-11　含水采空区模型非线性共轭梯度法(NLCG)反演电阻率对数断面图

5.2.5　高阻采空区模拟分析

1.模型设置

为模拟不含水采空区对电磁场的响应特征，设计如图 5-12 所示采空区模型。煤系地层倾角设为 4°。煤层中部设一高阻区，用以模拟不含水采空区，其他设置与含水采空区模型相同。

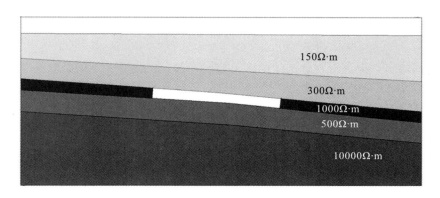

图 5-12　含水采空区模型示意图

2.正演分析

由 CSAMT 卡尼亚视电阻率和阻抗相位断面图(图 5-13)分析可知，TE 模式和 TM 模式对近水平状地层分辨率较高，各地层界限清晰，连续性好，易于追踪识别，视电阻率等值线形态也基本一致。但 TE 模式和 TM 模式对煤层中高阻采空区均无明显响应，表明电磁波对高阻体响应不明显，穿透高阻能力较强。因此，在判断不含水采空区时，运用 TE 模式和 TM 模式效果均不理想。

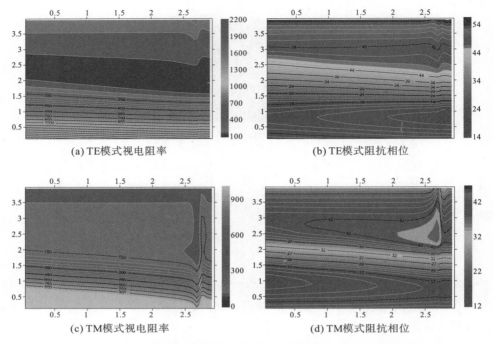

(a) TE模式视电阻率　　　　　　　　　　　　(b) TE模式阻抗相位

(c) TM模式视电阻率　　　　　　　　　　　　(d) TM模式阻抗相位

图 5-13　不含水采空区模型卡尼亚电阻率和阻抗相位二维断面图

3.反演分析

　　正演结果经反演后，分别绘制 TE 数据、TM 数据和 TE&TM 数据非线性共轭梯度法(NLCG)反演电阻率对数断面图(图 5-14)。横坐标为测线长度(单位 m)，纵坐标为反演深度(单位 m)。

　　从反演结果分析(图 5-14)，TE 数据、TM 数据和 TE&TM 数据反演结果基本一致，视电阻率等值线形态也十分相似，各地层界限清晰，连续性好，易于追踪识别。与正演模拟结果类似，各反演结果对煤层中高阻采空区也无明显响应，表明电磁波对高阻体响应不明显，穿透高阻能力较强。表明运用 CSAMT 探测不含水采空区时，效果不十分理想。

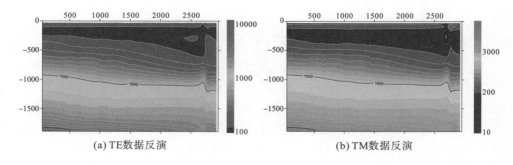

(a) TE数据反演　　　　　　　　　　　　　(b) TM数据反演

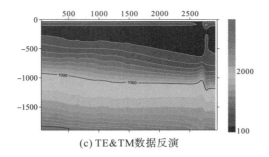

(c) TE&TM数据反演

图 5-14 高阻采空区模型非线性共轭梯度法(NLCG)反演电阻率对数断面图

5.3 可控源音频大地电磁法勘查实例

甘肃某矿主采侏罗系 2 煤和 4 煤, 其中 2 煤平均厚度 8.7m, 4 煤平均厚度 11.2m, 煤层倾角约 40°。由于测区内小煤窑分布及积水范围不清, 故采用可控源音频大地电磁法(CSAMT)在地面开展采空区探测。测网密度 60m×30m, 数据反演后绘制 CSAMT 视电阻率等值线图, 典型剖面如图 5-15(彩图见附录)所示。

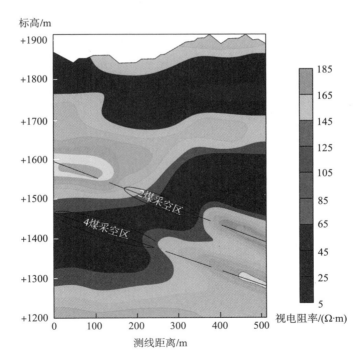

图 5-15 CSAMT 视电阻率剖面

　　根据矿井地质资料及钻孔揭露，图 5-15 所示两条虚线分别为 2 煤和 4 煤所在位置，由于煤层电阻率较顶、底板砂泥岩高，视电阻率界限清晰。追踪 2 煤层，其横向上沿测线 150～400m，垂向标高+1450～+1550m 处存在一处明显低阻异常，推断为 2 煤采空区，富水；追踪 4 煤层，其横向沿测线 0～300m，垂向标高+1360～+1450m 处存在一处连续低阻异常区，推断为 4 煤采空区，富水。为验证物探效果，在临近推断 2 煤采空积水区巷道沿煤层布置了超前钻孔，在钻进至测线 150m 附近时涌水量突然开始增大，出水点与推断的采空积水区位置基本吻合。由此可见，CSAMT 测网密度虽然较稀疏，但对深部地层及积水采空区有较为精确的反应，与正、反演结果基本一致。

第6章 地质异常体高频电磁波场响应特征

6.1 探地雷达工作原理

探地雷达利用主频为数十兆赫兹至数千兆赫兹波段的电磁波，以宽频带短脉冲的形式，由地面通过天线发射器发送至地下，经地下目标体或电性界面反射后返回地面，为雷达天线所接收，以电磁反射波时域曲线形式成像（王琛　等，2011；陶连金　等，2008）。根据回波信号的波形形状、同相轴特征、振幅幅值变化、半波长变化和频率变化等来分析和推断地下目标体的几何特征和发育规模（李大心，1994）。

在地下结构中，空洞、裂缝、管线等与周围介质的介电常数存在明显差异，它们之间能形成良好的反射界面（孙忠辉　等，2013；李六江，2013；赵峰　等，2012；苗宇宽　等，2008），电磁波在反射介质上界面形成反射的同时，继续向下透射，在下一界面形成反射波返回地表被接收，以此形成多层反射波时间域记录，通过对所接收的雷达信号进行处理和图像解译，达到探测异常的目的（图6-1）。

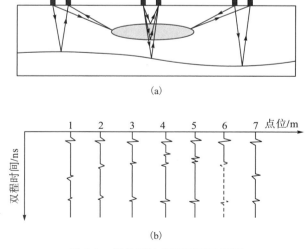

图6-1 探地雷达探测原理示意图

　　电磁波在介质传播的过程中，在不同电性介质的界面会产生反射和透射现象。目标体与周围介质的介电性差异越大，反射或散射能量就会越大，探地雷达系统识别程度就会越高，反之亦然。因此，应用探地雷达探测目标体是否可行有效，取决于介质间的电性差异，而反射回波的强弱直接关系到对目标体界面的分辨程度。反射系数 r 则是决定反射波能量大小的关键因素。

　　由于探地雷达两天线间距相对于探测距离要小得多，可以忽略不计。根据菲涅尔公式，反射系数为

$$r = \frac{Z_2 - Z_1}{Z_2 + Z_1}$$

其中，Z_1 表示介质 1 的波阻抗；Z_2 表示介质 2 的波阻抗。波阻抗表达式如下：

$$Z = \sqrt{\frac{j\omega\mu}{\sigma + j\omega\varepsilon}}$$

其中，ω 为角速度，r/s；σ 为电导率，S/m；ε 为介质的介电常数，F/m；μ 为磁导率，H/m。

　　在比较常见的浅地表环境中，各介质磁导率 μ 基本不变，电导率 $\sigma \approx 0$。因此，反射系数 r 可简化为下式：

$$r = \frac{\sqrt{\varepsilon_1'} - \sqrt{\varepsilon_2'}}{\sqrt{\varepsilon_1'} + \sqrt{\varepsilon_2'}}$$

其中，ε_1'、ε_2' 分别表示两种不同介质的相对介电常数。对于常见介质一般满足 $1 \leqslant \varepsilon' \leqslant 81$，因此，$-1 < r < +1$，其数值的大小与两层介质的相对介电常数有关。若 $\varepsilon_1' = \varepsilon_2'$，可知两种介质的介电性几乎不存在差异，可视为同一种均匀介质，电磁波传播过程中便不会产生反射回波（图 6-2）。

　　通过上述公式可以看出，介质交界面的反射系数与两种介质的相对介电常数差异有正相关关系。根据电磁学原理，雷达波在介电性差异比较大的介质界面处产生的回波比较强烈，因此雷达天线接收到的反射回波信号也比较强烈。不仅仅是介电性差异，地表下异常体的几何构造也会对电磁波的反射、散射产生影响，此时需要根据菲涅尔散射定律来对图像进行适当的增益处理。

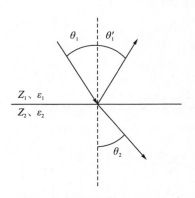

图 6-2　电磁波在介质分界面
反射示意图

6.2 煤矿井下常见介质的介电特性分析

由电磁学可知，电磁波传播至不同介质交界面处时才会产生反射回波。所以研究煤系各组分介电性的差异，是探地雷达应用于煤田探测的前提条件。通过对全国多个地区的代表性煤(岩)样进行测量实验，中煤科工集团重庆研究院有限公司编制了各地煤系的介质介电特性表(张纯杰，2013)(表 6-1)。

表 6-1 煤系地层常见介质介电常数特性表

煤系介质	相对介电常数	电导率/(mS/m)	速度/(m/ns)
空气	1	0	0.3
水	80	0.5	0.033
煤	2.3~3.6	0.01~0.001	0.15~0.19
石灰岩	4~8	0.5~2	0.15
页岩	5~15	1~100	0.09
粉砂岩	5~30	1~100	0.07
黏土	5~40	2~1000	0.06
花岗岩	4~6	0.01~1	0.13

由此可见，高频电磁波在煤系地层中的速度因传播的介质不同而具有明显的差异，高频电磁波在空气中传播速度最快，其次是在煤层中，然后是在围岩中，在水中传播的速度是最慢的。因此在煤系地层中，煤系中的陷落柱、断层不连续面、煤与围岩、含水层与煤层、围岩中的溶洞等地质异常情况，对于探地雷达来说都是良好的反射界面，并在不同分界面上产生回波信号，这是雷达识别异常体的基本波形的依据(孙忠辉 等，2013；宋劲 等，2007)。

理想情况下，出现异常体的雷达回波走时图如图 6-3 所示。在双向走时图像上，首先有一个直达波，其幅度最大，然后出现指数衰减。在异常体与煤层的分界面上产生一个幅度较大的异常体回波，反映出异常体的位置和距离。

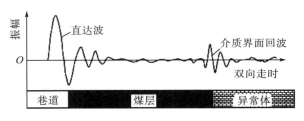

图 6-3 理想情况下雷达超前探测异常体示意图

　　有关煤矿井下探地雷达的研究,许多学者开展了大量有益探索(梁庆华等,2014)。黄仁东等(2003)、程久龙等(2004)、张华等(2006)、龚术等(2010)、石刚等(2012)分别利用探地雷达进行矿井采空区探测,得到较理想的探测结果。王连成等(1997)阐述了探地雷达探测掘进工作面前方瓦斯突出构造的方法及进行综合分析预测的思路。王连成等(1997)采用探地雷达探测松藻矿务局逢春煤矿南五石门以南 750~830m 水平采区煤层厚度,为该矿进行采区部署、调整、决策提供了依据。杨永杰等(1999)对杨庄矿"一号陷落柱"进行探地雷达探测,为巷道合理布置及安全回采提供了依据。刘传孝等(1998)运用探地雷达方法在滕州市留庄煤矿从 12#煤巷道向底板探测了 14#煤的厚度。刘传孝(2000)、杨立彪(2012)运用矿井探地雷达进行了煤矿地质构造探测研究。张兴磊等(2001)采用 KDL-3 型矿用探地雷达,查明了煤柱破坏的分布情况,指导注浆工程。李兆祥(2003)、郭小兵等(2013)采用探地雷达探测了巷道围岩松动圈范围,对巷道原支护设计进行了优化。张耀平等(2011)探讨了利用探地雷达技术进行采空区覆盖层厚度探测的原理和方法,并将其应用到龙桥铁矿的采空区覆盖层探测中。胡明顺等(2012)采用时域有限差分法正演模拟了煤火区典型地质体地电模型雷达响应,表明探地雷达技术对识别浅埋火区煤层松散垮落程度,圈定火烧重点区域,减少灭火成本和火区开采安全事故具有重要的现实意义。李敏瑞等(2013)运用 GprMax2D 软件对巷道衬砌背后的脱空和钢筋等进行了二维正演模拟,得出了不同缺陷的雷达图像特征,并应用于煤矿巷道工程实例。聂俊丽等(2013)利用探地雷达对补连塔矿 12406 工作面进行探地雷达探测,根据雷达相对研究区地层进行分类。齐承霞(2014)开展了煤层超前探测中的探地雷达信号处理技术研究。梁庆华等(2014)采用井下探测试验跟踪方法,在淮南矿业集团顾北煤矿和顾桥煤矿对探地雷达在井下煤巷超前探测的效果进行了跟踪试验,研究了探地雷达在煤矿井下的探测深度、回波异常特征以及探测异常的准确率。

　　探地雷达探测技术在我国矿井中应用较早,随着高频微电子技术、计算机数据处理水平和探地雷达工作方法的不断提高,探地雷达技术得到了长足的发展(宋劲,2005),并取得了丰硕成果。但是该技术在煤矿井下探测各种异常构造方面还处于试验阶段,受限于井下空间、复杂环境条件及防爆条件的影响,井下探地雷达存在回波分析困难、探测距离较短以及探测异常的准确率不确定等问题。矿井探地雷达探测技术在煤系地层理论模型研究、井下探测工作方法、矿井地质异常解释方法、防爆雷达仪器研制等方面仍然需进一步研究和改进。

6.3　雷达高频电磁波在煤岩巷中传播的衰减机理

探地雷达所发出的高频电磁波在煤巷的传播过程中，会发生频散特征和衰减现象。由于煤矿井下的煤岩体存在电磁参数和结构特征上的区别，这就导致了衰减特征和频散现象的不同。正如上节所述，煤系介质的物理参数的差异性是探地雷达探测可行性的前提。

煤岩体的电磁参数和入射高频电磁波的频率值是决定电磁波被吸收损耗程度的两大关键因素。由于电磁波在真空中或者空气中传播时能量几乎不会损耗，所以当介质的波阻抗与空气的波阻抗差异较大时，会导致比较明显的反射，而降低的电磁波能量就会在介质内部被吸收损耗。反之，波阻抗差异较小时，反射不明显，则增加介质对电磁波的吸收。

探地雷达发出的高频电磁波在煤岩巷道传播的过程中，如果存在地质异常体，由于地质异常体与周围煤岩介质的波阻抗匹配度比较低，此时一部分电磁波会被反射到异常体界面之外的介质中，剩余电磁波进入异常体当中。异常体内部的磁偶极子、离子及电子等，将与入射的电磁波相互作用而改变运动方式，形成偶极子转动、共振、极化和涡流等现象，吸收损耗掉电磁波能量。

若假设入射到煤岩体中的电磁波 $E(t)=E_0 \mathrm{e}^{\mathrm{i}\omega t}$，$H(t)=H_0 \mathrm{e}^{\mathrm{i}\omega t}$。沿着 X 轴线方向垂直于探测面进入煤岩体，根据麦克斯韦理论可得到透射波方程 $E_t(t)$、入射波方程 $E_r(t)$：

$$E_t\left(t\right)=\frac{2\sqrt{ZZ_0}}{Z+Z_0}E_0 \mathrm{e}^{\mathrm{i}\omega t}$$

$$E_r\left(t\right)=\frac{Z-Z_0}{Z+Z_0}E_0 \mathrm{e}^{\mathrm{i}\omega t}$$

$$Z_0=\sqrt{\frac{\mu_0}{\varepsilon_0}}=337$$

$$Z=\sqrt{\frac{\mu}{\varepsilon}}=\sqrt{\frac{\mu_r}{\varepsilon_r}}Z_0$$

其中，Z_0 表示电磁波在真空中传播时受到的波阻抗；Z 表示电磁波在煤岩体中传播时遇到的波阻抗；μ_0、μ_r 分别表示真空和煤岩体介质的磁导率；ε_0、ε_r 分别表示真空和煤岩体介质的介电常数。

煤岩体介质内部的各种粒子相互作用，导致入射到介质内部的雷达高频电磁波能量被吸收损耗，电磁波损耗后的表达式如下：

$$E_x(t) = E_0 e^{-\alpha x} e^{i(\omega t - \beta x)}$$

$$H_y(t) = \frac{\gamma}{i\omega t} E_0 e^{-\alpha x} e^{i(\omega t - \beta x)}$$

其中，α、β 分别表示介质的衰减常数和相移常数，具体表达公式如下：

$$\alpha = \omega \sqrt{\frac{\mu\varepsilon}{2} \left(\sqrt{1 + \frac{\sigma^2}{\omega^2 \varepsilon^2}} \right) - 1}$$

$$\beta = \omega \sqrt{\frac{\mu\varepsilon}{2} \left(\sqrt{1 + \frac{\sigma^2}{\omega^2 \varepsilon^2}} \right) + 1}$$

式中，$\omega = 2\pi f$。

通过上述分析可知：①探地雷达发出高频电磁波的损耗程度主要取决于电磁波本身的频率值大小和煤系介质的电磁参数，如电导率、磁导率和介电常数，且衰减系数与介电常数(ε)的平方根成反比，与电导率(σ)和磁导率(μ)的平方根成正比；②不同介质的波阻抗匹配程度受煤系介质的电磁参数的影响，匹配程度越低，反射回波越明显，煤岩体对电磁波的吸收就会越少。

6.4   探地雷达正演模拟基本原理

在工程实际探测应用中，对雷达数据进行处理前，为研究雷达有效电磁波的波场特征和变化规律，需要建立相关的正演模型并进行过程模拟。雷达数据的采集、资料处理以及资料解释等各个环节，组成了探地雷达的正演模拟技术。首先，要到实地采集需要的雷达数据，从而依据实际地质条件建立正演模型。为了求解所采集数据的有关参数，并获得探测区域丰富的地质信息，需要正演模拟来获得地下目标体的反射信息和电磁波场分布特征，从而为后期的成像处理和成果解释打下良好的基础。

时域有限差分法(finite different time domain，FDTD)是 K.S.Yee(1996)提出来的。该方法直接求解依赖于时间变量的 Maxwell 旋度方程组：

$$\Delta \times \overline{H} = \frac{\partial \overline{D}}{\partial t} + \overline{J}$$

$$\Delta \times \overline{E} = \frac{\partial \overline{D}}{\partial t} + \overline{J}^*$$

$$\Delta \times \overline{B} = \rho$$

$$\Delta \times \overline{D} = \rho^*$$

其中，$\overline{E}$、$\overline{H}$、$\overline{D}$ 和 $\overline{B}$ 分别是电场强度、磁场强度、电位移矢量和磁感应强

度；$\bar{J}$ 和 $\bar{J}^*$ 分别是电流密度和磁流密度；ρ 和 ρ^* 分别是电荷密度和磁荷密度。

简而言之，即将旋度方程转化为一组电场和磁场各分量的偏微分方程，然后将电场和磁场各分量交叉取样，利用二阶精度的中心差近似将这一组偏微分算符转换为差分形式，达到在一定空间和一段时间上对边界电磁场的数据抽样，在时域对电磁作用过程进行直接模拟。旋度方程的差分化运用于每一个 FDTD 网格，而数值模拟的结果将直接通过这些网格内方程的差分化得到，并且是多次重复计算的结果。在每一次的重复过程中，电磁波都传递到 FDTD 网格，每一次所耗费的时间即 Δt。因此如果给定重复的次数(即扫描的道数)、时间窗(扫描一道所需时间)，就能知道 FDTD 解答器模拟指定的一块区域的耗时。FDTD 法对整个计算空间划分网格。为保证计算精确度，通常每波长至少用 10 个以上网格。时间步长的确定则利用数值稳定性条件确定，即

$$\Delta t \leqslant \frac{1}{\sqrt{\frac{1}{(\Delta x)^2} + \frac{1}{(\Delta y)^2} + \frac{1}{(\Delta z)^2}}}$$

其中，Δx、Δy、Δz 分别是 x、y、z 方向上的步长；Δt 为时间步长。

吸收边界处理的好坏将直接影响包括计算精确度和计算开销在内的时域有限差分法性能，因此吸收边界条件始终是一个重点研究内容。理想匹配层(perfectly matched layer，PML)由 J.Be-renger 于 1994 年首先提出，其基本思想是在计算区域边界面附近引入虚拟各向异性有耗媒质，在一定的条件下，模拟空间与理想匹配层间、理想匹配层内部层间完全匹配，模拟区域内的外行电磁波可以无反射地进入有耗媒质，并在有耗媒质内进行衰减，从而有效吸收模拟区域内出射的外行波。

GprMax2D 是爱丁堡大学的 Dr Antonis Giannopoulos(1996)推出的。其程序源代码最初源于 Dr Antonis Giannopoulos 关于 GPR 成像研究的博士论文，经过十多年的改进已发展到了 Verion 2.0 版本，它是一套基于 FDTD 算法和 PML 边界吸收条件的探地雷达正演数值模拟软件，被广泛用于探地雷达正演成像研究。

6.5　煤矿井下构造探地雷达正演模拟

6.5.1　地电模型设计

为结合探地雷达在煤矿井下异常地质构造探测工作中的实际应用，通过正演数值模拟初步判断井下异常构造在雷达图像上的反应，进而对采集到的信号资料进行对比分析，有助于雷达图像的解释和井下异常体的判断。

　　在进行雷达探测之前，需测得探测地点煤岩样等介质的介电常数、电导率及其他相关电磁参数，并参考表 6-1，采用基于时域有限差分法(FDTD)的二维雷达图像模拟软件 GprMax2D，对煤矿井下断层、采空区或空洞边界以及煤层产状变化等常见的地质异常构造进行正演模拟，因此设计如图 6-4 所示的地电模型。

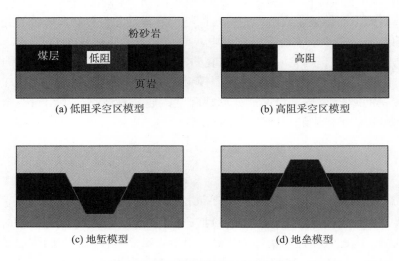

(a) 低阻采空区模型　　　　　　　　　　(b) 高阻采空区模型

(c) 地堑模型　　　　　　　　　　　　(d) 地垒模型

图 6-4　煤矿井下常见地质构造模型

　　模拟区域 60m×30m，模型按 1∶100 比例缩小。模拟网格步长为 $\Delta x = \Delta y$ =1mm，模拟时窗 t_w=20ns，采用剖面法沿测线采集 55 道雷达数据信号。发射天线初始位置为(10, 32.5)，接收天线初始位置为(35, 32.5)，天线步长为 10mm，雷达天线的中心频率为 100MHz，厚度约 100mm。各部分对应的参数见表 6-2。各地电模型经 GprMax2D 正演计算后，导入 MATLAB 中成像。

表 6-2　模型各材料属性设置一览表

名称	相对介电常数	相对电导率
粉砂岩	18	0.01
煤层	3	0.000 1
页岩	6	0.001
高阻体	1	0.000 01
矿井水	81	0.003

6.5.2　高阻采空区模拟分析

模型上部分为粉砂岩，中间部分为煤层，下部分为页岩。采空区范围200mm×100mm，介质为空气[图 6-5(a)，彩图见附录]。

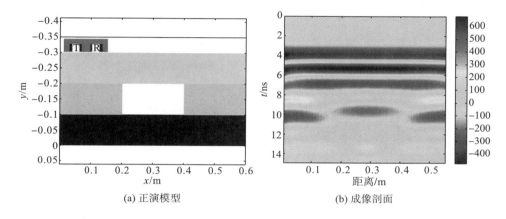

(a) 正演模型　　　　　　　　　　(b) 成像剖面

图 6-5　高阻采空区正演模型与成像剖面

分析模拟结果[图 6-5(b)，彩图见附录]，由于雷达波发出后经由探测面处很薄的空气层入射到煤层，两介质存在介电性差异，反射系数为负，振幅同入射波反相。当雷达波由上部粉砂岩向下入射时，一种由顶板入射煤层；另一种由顶板入射高阻采空区，其雷达波反射图形则有所差异。

当雷达波由顶板入射煤层时，煤层与上下顶板的岩层存在介电性差异，在上界面雷达波是由高介电常数(ε=18)介质进入低介电常数(ε=3)介质，产生的反射回波系数为正值，振幅正相；在下界面则是由低介电常数(ε=3)介质进入高介电常数(ε=6)介质，产生的反射回波系数为负值，振幅负相。由于界面的平整，可追踪雷达反射回波的同相轴，判断出煤层的上下界面以及走向。

当雷达波由顶板入射高阻采空区时，采空区与上下顶板的岩层存在介电性差异，在上界面雷达波是由高介电常数(ε=18)介质进入低介电常数(ε=1)介质，产生的反射回波系数为正值，振幅正相；在下界面则是由低介电常数(ε=1)介质进入高介电常数(ε=6)介质，产生的反射回波系数为负值，振幅负相。

由于煤层与采空区间的介电性差异，同一雷达反射回波同相轴出现不连续。且电磁波在采空区中传播速度快，走时较短，故同相轴向上凸起，据此可以很容易识别出高阻采空区的分布范围。

6.5.3 低阻采空区模拟分析

模型上部分为粉砂岩，中间部分为煤层，下部分为页岩。采空区范围 200mm×100mm，介质为矿井水（图 6-6，彩图见附录）。

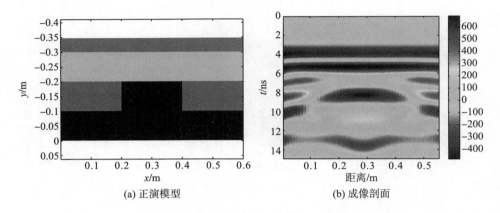

(a) 正演模型   (b) 成像剖面

图 6-6 低阻采空区正演模型与成像剖面

分析模拟结果如图 6-6 所示，由于雷达波发出后经由探测面处很薄的空气层入射到煤层中，由于两介质存在介电性差异，反射系数为负，振幅同入射波反相。当雷达波由上部粉砂岩向下入射时，一种由顶板入射煤层；另一种由顶板入射含水的采空区，雷达波反射图形存在差异。

当雷达波由顶板入射煤层时，煤层与上下顶板的岩层存在介电性差异，在上界面雷达波是由高介电常数（$\varepsilon=18$）介质进入低介电常数（$\varepsilon=3$）介质，产生的反射回波系数为正值，振幅正相；在下界面则是由低介电常数（$\varepsilon=3$）介质进入高介电常数（$\varepsilon=6$）介质，产生的反射回波系数为负值，振幅负相。由于界面的平整，可追踪雷达反射回波的同相轴，判断出煤层的上下界面以及走向。

当雷达波由顶板入射含水采空区时，采空区与上下顶板的岩层存在介电性差异，在上界面雷达波是由低介电常数（$\varepsilon=18$）介质进入高介电常数（$\varepsilon=81$）介质，产生的反射回波系数为负值，振幅负相；在下界面则是由高介电常数（$\varepsilon=81$）介质进入低介电常数（$\varepsilon=6$）介质，产生的反射回波系数为正值，振幅正相。

由于煤层与采空区间的介电性差异，同一雷达反射回波同相轴出现不连续甚至相位反转。且电磁波在水中传播速度慢，走时较长，故同相轴向下凹起，可以很容易识别出低阻采空区的分布范围。

6.5.4　地堑模拟分析

模型上部分为粉砂岩，中间部分为煤层，下部分为页岩，其中两侧煤层抬升，中间煤层下降。两断层倾斜相对，断层断距 56mm，倾角 63°（图 6-7，彩图见附录）。

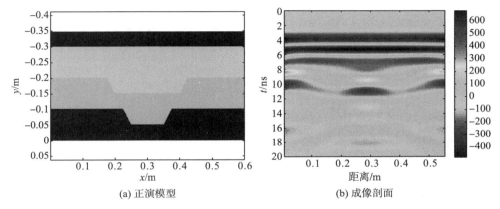

(a) 正演模型　　　　　　　　　　(b) 成像剖面

图 6-7　地堑正演模型与成像剖面

分析模拟结果如图 6-7 所示，由于煤层与岩层存在较明显的电性差异，雷达波从介电常数（$\varepsilon=18$）较高的岩层入射到介电常数（$\varepsilon=3$）较低的煤层，在界面发生较强烈的反射回波，反射系数为正，反射波振幅与入射波同相。在下界面则是由低介电常数（$\varepsilon=3$）介质进入高介电常数（$\varepsilon=6$）介质，产生的反射回波系数为负值，振幅负相。

图中两断层面外侧的同相轴比较规则，但在断层面处波形出现畸变，同相轴错断且局部缺失，同时还出现断面波和绕射波。中间由于煤岩层下落，顶板粉砂岩增厚，由于其介电常数（$\varepsilon=18$）较大，走时较长，故同相轴下凹。连续追踪雷达反射回波的同相轴，可以判断出煤层位置和走向以及断层构造的大致形态。

6.5.5　地垒模拟分析

模型上部分为粉砂岩，中间部分为煤层，下部分为页岩，其中两侧煤层下降，中间煤层抬升。两断层倾斜相背，断层断距 56mm，倾角 63°（图 6-8，彩图见附录）。

分析模拟结果如图 6-8 所示，由于煤层与岩层存在较明显的电性差异，雷达波从介电常数（$\varepsilon=18$）较高的岩层入射到介电常数（$\varepsilon=3$）较低的煤层，在界面发生较强烈的反射回波，反射系数为正，反射波振幅与入射波同相。在下界面则是由低介电常数（$\varepsilon=3$）介质进入高介电常数（$\varepsilon=6$）介质，产生的反射回波系数为负值，振幅负相。

两断层面外侧的同相轴比较规则，断层面处波形出现畸变，同相轴错断甚至缺失。中间由于煤层上升，顶板粉砂岩厚度变薄，由于煤层介电常数（$\varepsilon=3$）较顶板粉砂岩介电常数（$\varepsilon=18$）小，走时较短，故同相轴上凸。连续追踪雷达反射回波的同相轴可以大致判断出煤层位置和走向以及断层构造的大致形态。

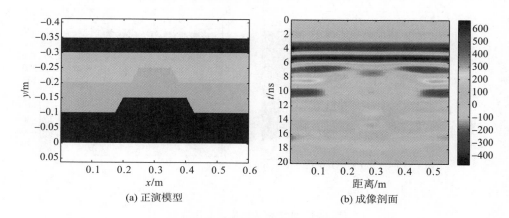

(a) 正演模型　　　　　　　　　(b) 成像剖面

图 6-8　地垒正演模型与成像剖面

6.6　探地雷达异常体探测分析

为探测龙门峡南矿主平硐 K3010～3025m、K1800～1811m 段巷道顶部地质异常，保证巷道安全施工，采用探地雷达在巷道顶板开展探测。

1.K3010～3025m 段探地雷达探测分析

巷道处于二叠系上统长兴组（P_2c）。二叠系上统长兴组（P_2c）平均厚度为216m，主要岩性为灰色至深灰色泥晶—粉晶中—厚层状石灰岩，上部含燧石结核较少，中部含燧石结核较多，上、中部夹薄层泥质灰岩和泥岩，显水平层理，与下伏地层呈假整合接触。

长兴组为一复合含水层，由中厚层状石灰岩、含燧石灰岩、泥质灰岩等组成，含水段厚度大，地表有出露，大气降水补给条件好，泉点发育。由于该含水层岩溶发育，导水性相对较强，推断为中等岩溶发育的岩溶水，富水性较强。巷道底部有涌水，水量较大，约23m³/h，巷道顶部无滴淋水现象。

根据探测目的及现场情况，在巷道顶部布置一条测线，垂直巷道向顶板进行探测，测线长度 15m（K3010～3025m），探测深度 20m，数据经处理后成像，以颜色深浅判断异常。由雷达探测剖面图 6-9 可推断，在巷道顶部 0.5～4m 处有一异常区，深度 14m，结合巷道已揭露资料分析，此处异常为岩溶浸蚀所形成的裂隙，裂隙宽度不大，无水。

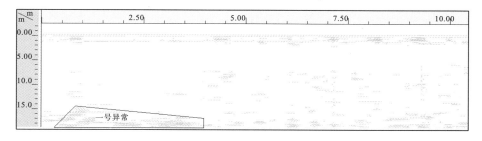

图 6-9　K3010～3025m 测线探地雷达探测图

2.K1800～1811m 段探地雷达探测分析

巷道第二段位于嘉陵江组，本段厚 90～150m，平均 120m。上部为灰色薄层—中厚层状石灰岩、灰质白云岩，间夹盐溶角砾岩，中上部夹"豹斑状"灰岩；下部为浅灰白色、浅粉红色白云质灰岩，刀砍纹发育，夹 1～2m 厚的灰色、浅灰色钙质泥岩；底部为浅黄灰色白云岩，具水平层理。

嘉陵江组(T_1j)岩溶裂隙含水层，为一复合含水层，由中—厚层状石灰岩、白云岩组成，含水段厚度达 883m，中夹薄层页岩，地表出露大。地表岩溶极发育，属溶洞充水为主的含水层，但富水性分布不均一。深部岩溶裂隙不发育，连通性较差，是以溶蚀裂隙充水为主的含水层，由浅到深富水性由强富水带逐渐向弱富水带过渡。施工过程中，巷道顶部无滴淋水现象。

根据探测目的及现场情况，在巷道顶部布置一条测线，测线长度为 11m（K1800～1811m），探测深度为 20m。由雷达探测剖面图 6-10 分析可知，在巷道的顶部有两处异常区（黑线圈定范围），分别位于顶板 1.5～4m、4.5～6.8m 处，深度 5m，结合巷道已揭露资料，此处异常为岩溶浸蚀所形成的裂隙，裂隙宽度不大，但含水。

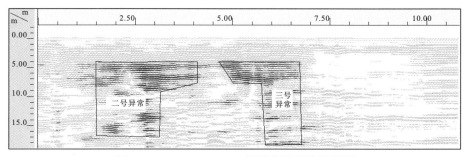

图 6-10　K1800～1811m 测线探地雷达探测图

第7章 异常体地震波场响应数值模拟与实践分析

随着透明矿山、透明工作面的提出和建设，除了查明采区内的构造信息外，还要尽可能提供煤层厚度变化等信息(董守华 等，2004)，这对煤田地球物理勘探工作提出了更高要求。断层、采空区和陷落柱是煤矿开采过程中面临的主要地灾异常，给煤矿高产高效开采带来了巨大的安全隐患(王耀 等，2017；胡运兵 等，2008)。

断层识别一直是煤田地震勘探的研究热点之一(曾凡盛 等，2013)，断层规模即便再小，如不及时准确查明，也可导致采掘系统布局不合理，甚至影响工作面的持续开采和矿井水害的有效防治，更甚者危及整个矿井安全。煤矿采掘过程中，断层往往与冒顶、突水、瓦斯突出等事故伴生，因此查明断层对于煤矿开采意义重大(介伟，2015)。煤矿开采过程中遗留的大量巷道及采空区，由于资料不全或丢失，无法确定其位置和边界，给煤矿生产和建设带来了安全隐患(朱红娟，2015；Mcmechan et al.，1998)。陷落柱的存在不仅造成煤炭资源损失、影响采掘生产，而且为地下水提供导升通道，威胁矿井安全(孟新富 等，2015；杨晓东 等，2010；曹志勇 等，2008；杨德义 等，2000)。采区煤厚变化对煤矿开采同样重要，直接影响煤矿开采方式选择(马明 等，2016；师素珍 等，2011；孙渊 等，2008)。

三维地震勘探可为煤矿提供精细的地质探测成果，但复杂地质条件造成地震反射特征复杂多变。煤层中地震波传播速度小而围岩大，反射系数大，与顶底板易形成多次复杂反射波。煤层作为典型的薄层，其地震属性还受煤层厚度和顶底板岩性等诸多因素影响(陈同俊 等，2012)。煤层厚度变化造成时间剖面上反射波组的振幅、相位和频率发生变化，严重影响了地震资料的处理难度。以地震资料频谱分析为基础的正演模拟对地震资料品质分析有指导作用(黄芸 等，2013；杨占龙 等，2005)。

7.1 地质异常体地震波场正演模拟

地震正演模拟是在假定地下结构模型(几何形态与物性参数)的情况下，在人为设置的观测系统上预测得到地震波场特征，即地震记录，它为地震数据采集、处理以及解释三大流程提供了理论依据。

地震正演模拟一方面可以评估观测系统、处理方法以及解释技术等方法的先进性、可行性和科学性；另一方面可以验证各种反演技术及手段的正确性和反演成果的准确性。因此，正演模拟不仅可以认识地震波在复杂介质中的传播规律，建立不同地质体的地震识别模式，减少地震现象的多解性，提高解释精度，还可以检验各种处理方法的适用条件，并开发新的处理解释技术(周义军 等，2008)。

近年来，针对矿井地质模型的地震正演研究方兴未艾(王耀 等，2017)。杨德义等(2000)通过数学模型对断陷点绕射波进行初步研究，提出延迟绕射波在陷落柱识别和解释中的重要作用。朱光明等(2008)、杨思通等(2010)利用有限差分数值模拟方法研究了煤矿巷道内点震源激发产生的弹性波场，分析了不同地质模型中各类地震波的传播特征。李艳芳等(2011)设计了陷落柱的三维地震地质模型，采用单程波三维地震数值模拟方法，研究陷落柱的地震响应特征。王大伟(2011)通过正演模拟多个模型，深入研究了含破碎带地层对弹性波传播的影响，探讨了断层处地震波传播的弹性动力学特征。王树威(2012)对煤矿采空区地震波场进行了数值模拟，得到了地震波在采空区的传播特点。徐涵洵等(2015)建立了不同内部结构的陷落柱模型，正演模拟分析各模型的地震波场特征，与实际陷落柱地震剖面对比分析，为地震勘探陷落柱提供指导。郭文峰等(2015)建立不同塌陷类型的采空区地质模型，并对内部结构不同的塌陷采空区地质模型进行正演模拟，对所得到的时间剖面上的地震波场特征进行分析和对比，总结出塌陷采空区在地震剖面的判别标志及识别特征。

7.1.1 地震波正演模拟有限差分方法

常规地震波场正演方法主要有几何射线法和波动方程法，前者可以精确计算地震波的射线路径和旅行时间等运动学特征，但对于一些复杂的地质构造和岩性信息容易产生盲区。波动方程模拟法着重考虑地震波动力学性质，能够更逼真地模拟得到复杂地层的地震波场特征(谢磊磊 等，2015；王锡文 等，2012；黄林军等，2011)。求解波动方程就是在已知地质体埋藏位置、形状、介质弹性常数及外力作用参数等情况下，求解其位移大小、应力与应变分布过程，包括以下内容：

(1)应力、应变平衡方程：

$$
\begin{cases}
\dfrac{\partial \sigma_{xx}}{\partial x} + \dfrac{\partial \sigma_{xy}}{\partial y} + \dfrac{\partial \sigma_{xz}}{\partial z} + f_x = 0 \\[2mm]
\dfrac{\partial \sigma_{yx}}{\partial x} + \dfrac{\partial \sigma_{yy}}{\partial y} + \dfrac{\partial \sigma_{yz}}{\partial z} + f_y = 0 \\[2mm]
\dfrac{\partial \sigma_{zx}}{\partial x} + \dfrac{\partial \sigma_{zy}}{\partial y} + \dfrac{\partial \sigma_{zz}}{\partial z} + f_z = 0
\end{cases}
$$

$$\begin{cases} \varepsilon_{xx} = \dfrac{\partial u}{\partial x}, \ \varepsilon_{xy} = \dfrac{1}{2}\left(\dfrac{\partial v}{\partial x} + \dfrac{\partial u}{\partial y}\right) \\[2mm] \varepsilon_{yy} = \dfrac{\partial v}{\partial y}, \ \varepsilon_{yz} = \dfrac{1}{2}\left(\dfrac{\partial w}{\partial y} + \dfrac{\partial v}{\partial z}\right) \\[2mm] \varepsilon_{zz} = \dfrac{\partial w}{\partial z}, \ \varepsilon_{xz} = \dfrac{1}{2}\left(\dfrac{\partial w}{\partial x} + \dfrac{\partial u}{\partial z}\right) \end{cases}$$

(2) 根据应力、应变关系，推导物体平衡状态和不平衡状态下的应力-应变关系公式：

$$\begin{cases} \varepsilon_{xx} = \lambda\theta + 2\mu\dfrac{\partial u}{\partial x}\,\varepsilon_{xy} = \mu\left(\dfrac{\partial v}{\partial x} + \dfrac{\partial u}{\partial y}\right) \\[2mm] \varepsilon_{yy} = \lambda\theta + 2\mu\dfrac{\partial v}{\partial y}\,\varepsilon_{yz} = \mu\left(\dfrac{\partial w}{\partial y} + \dfrac{\partial v}{\partial z}\right) \\[2mm] \varepsilon_{zz} = \lambda\theta + 2\mu\dfrac{\partial w}{\partial z}\,\varepsilon_{xz} = \mu\left(\dfrac{\partial w}{\partial x} + \dfrac{\partial u}{\partial z}\right) \end{cases}$$

$$\begin{cases} \dfrac{\partial \sigma_{xx}}{\partial x} + \dfrac{\partial \sigma_{xy}}{\partial y} + \dfrac{\partial \sigma_{xz}}{\partial z} + f_x = \rho\dfrac{\partial^2 u}{\partial t^2} \\[2mm] \dfrac{\partial \sigma_{yx}}{\partial x} + \dfrac{\partial \sigma_{yy}}{\partial y} + \dfrac{\partial \sigma_{yz}}{\partial z} + f_y = \rho\dfrac{\partial^2 v}{\partial t^2} \\[2mm] \dfrac{\partial \sigma_{zx}}{\partial x} + \dfrac{\partial \sigma_{zy}}{\partial y} + \dfrac{\partial \sigma_{zz}}{\partial z} + f_z = \rho\dfrac{\partial^2 w}{\partial t^2} \end{cases}$$

(3) 在二维情况下，位移与 y 方向无关，则用位移表示的二维弹性波方程为

$$\begin{cases} \rho\dfrac{\partial^2 u}{\partial t^2} = \left[\lambda\left(\dfrac{\partial u}{\partial x} + \dfrac{\partial w}{\partial z}\right) + 2\mu\dfrac{\partial u}{\partial x}\right]\mathrm{d}x + \left[\mu\left(\dfrac{\partial u}{\partial z} + \dfrac{\partial w}{\partial x}\right)\right]\mathrm{d}z + \rho f_x \\[2mm] \rho\dfrac{\partial^2 w}{\partial t^2} = \left[\lambda\left(\dfrac{\partial u}{\partial x} + \dfrac{\partial w}{\partial z}\right) + 2\mu\dfrac{\partial u}{\partial x}\right]\mathrm{d}z + \left[\mu\left(\dfrac{\partial u}{\partial x} + \dfrac{\partial w}{\partial z}\right)\right]\mathrm{d}x + \rho f_z \end{cases}$$

(4) 均匀介质中，λ、μ、ρ 均为常数，则二维均匀介质弹性波方程表示为

$$\begin{cases} \rho\dfrac{\partial^2 u}{\partial t^2} = \lambda + 2\mu\dfrac{\partial^2 u}{\partial x^2} + \dfrac{\partial^2 w}{\partial z\partial x} + \mu\dfrac{\partial^2 u}{\partial z^2} + \dfrac{\partial^2 w}{\partial z\partial x} \\[2mm] \rho\dfrac{\partial^2 w}{\partial t^2} = \lambda + 2\mu\dfrac{\partial^2 w}{\partial z^2} + \dfrac{\partial^2 u}{\partial z\partial x} + \mu\dfrac{\partial^2 w}{\partial x^2} + \dfrac{\partial^2 u}{\partial z\partial x} \end{cases}$$

(5) 把上式中 x、z 分量按照矢量方式合并，就得到二维均匀介质弹性波方程的矢量表达式：

$$\rho\dfrac{\partial^2 \overline{U}}{\partial t^2} = \lambda + 2\mu\,\mathrm{grad}\,\theta + \mu\nabla^2\overline{U}$$

以上各式中，u、v、w 分别表示弹性波场中 x、y、z 分量；ρ 为介质密度；

λ、μ 为拉梅系数；f_x、f_y、f_z 分别表示 x、y、z 方向上的外力。

当前，地震波场的数值模拟是建立在地震波的波动理论基础上的，波动方程数值模拟在地震资料采集、处理和解释等方面都发挥着极其重要的作用。波动方程数值模拟方法主要有伪谱法、有限元法、有限差分法等。用有限差分法解波动方程时，对空间和时间变量进行离散化处理，把要求解的区域划分为差分网格，利用有限的网格节点代替连续的求解区域，利用微商与差商的近似关系将描述介质传播的微分方程转化为差分方程进行求解(卫红学 等，2014)。

有限差分法在地震领域的应用研究已经相当成熟，初始条件、边界条件等问题处理已经相当完善，故有限差分法在勘探地震学中的应用具有较大的优越性及广泛性。

7.1.2 异常体地震波场正演模拟分析

7.1.2.1 物理模型设计

Tesseral2-D 是一个基于 PC 的商业化的全波场模拟软件包，可以非常容易地建立复杂的地质模型剖面，模拟不同的地震观测系统下，点震源的波场和平面波震源的波场。系统中包含典型的地质环境数据库，包括 P 波和 S 波的速度及密度和岩性符号等，可方便地输入岩石物理特性来构建地质模型。同时，也可以把不同网格距和不同文本格式的外部模型输入系统进行模拟计算。

为了更好地对断层、采空区进行地震预测，需要了解地震波遇到采空区或断层后地震波的传播特性。利用 Tesseral2-D 软件，设计如图 7-1 所示的地质模型。模型尺寸为 2000m×800m，自上而下共设六层(具体参数见表 7-1)。其中，上层煤顶板埋深 190m，煤厚 20m；下层煤顶板埋深 480m，煤厚 40m。下层煤 300～500m 处设为富水采空区，900～1100m 处设为充气采空区，1500～1700m 处设为落差 100m 断层(图 7-1)。通过地震波正演模拟，讨论不同厚度煤层、不同性质采空区及断层对地震波场的响应特征。

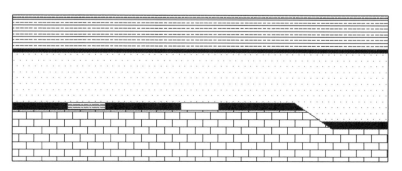

图 7-1 地质模型示意图

表 7-1　模型参数设置表

序号	介质	厚度/m	波速/m·s⁻¹	密度/g·cm⁻³
第一层	覆盖层	20	1600	1.98
第二层	粉砂	170	3000	2.20
第三层	煤层	20	2200	2.09
第四层	细砂	270	4000	2.35
第五层	煤层	40	2200	2.09
第六层	灰岩	280	4500	2.43
采空区一	水	20	1500	1.97
采空区二	空气	20	500	1.16

7.1.2.2　数值模型设计与参数设置

观测系统参数设置如下：道间距 20m，接收道数为 101，炮间距 40m，共 46 炮（100～1900m），时间采样间隔 4ms，记录时长 600ms，子波类型为 Ricker 子波，子波频率为 100Hz。模型左、右及上、下边界均采用吸收边界条件，以减少边界效应。依次激发共得到 46 张单炮记录及其对应的波场快照，选择典型单炮记录及其波场快照如图 7-2 所示。其中 8 号炮点位于富水采空区正上方；16 号炮点位于两采空区正中间；24 号炮点位于充气采空区正上方；40 号炮点位于断层正上方。

7.1.2.3　地震波正演模拟结果分析

1.不同厚度煤层对地震波场响应特征

通常情况下，地震波在煤层中的传播速度比在围岩中传播速度小，当地震波由煤层顶板垂直入射到煤层时，煤层波阻抗小于顶板波阻抗，反射系数为负。根据褶积模型，当子波极性为正时，地震道极性为负，因此煤层顶板反射为一负相位的强反射。同理，如果地震波由煤层垂直入射底板时，反射系数为正，地震道极性也为正，底板所对应的为一正相位的强反射层（张丽红 等，2010），据此可初步判断煤层所在位置及厚度［图 7-2（a）、（c）、（e）、（g）］。然而，含煤岩系低速与高速岩层交互沉积形成强波阻抗界面，地震波在传播时会产生全程或层间多次反射波（顾汉明 等，2001），它们与一次反射波相互干涉，造成一次反射波解释困难［图 7-2（b）、（d）、（f）、（h）］。研究表明，当煤层厚度在 0～20m 之间变化时，煤层顶底板反射波表现为 1～2 个相位，煤层顶底板难以区分；煤层厚度在 20～45m 之间变化时，煤层顶底板反射表现为 2～3 个相位，频率增强，振幅增强，煤层顶底板的反射能够区分（马明　等，2016）。模型独特的地震地质条件为多次反射波的发育提供了条件，由于煤层传播速度小而围岩速度大，反射系数较大，煤层与围岩间均具有明显的波阻抗界面，煤层之间、煤层与上下界面之间均会产生复杂的层间微曲多次反射波并相互干扰叠加（吕晓春　等，2011），增加了地震解释难度。

2.不同性质采空区对地震波场响应特征

当煤层未开采时，由于煤层低速、低频、低密度的特性，与顶底板围岩波阻抗差异较大，能形成能量较强的反射波，波组特征明显（卫红学　等，2014）。当下层煤采空区全充水时，煤层未开采部分反射波能量大小基本相同，在 300m 与 500m 之间的采空区部分能量明显加强，频率降低，且由于采空区充水，波速降低，导致出现时间延迟现象[图 7-2(a)]。当采空区全充气时，能量更强，频率更低，延迟现象也更明显，其底板反射波出现缺失[图 7-2(e)]。

3.断层对地震波场响应特征

弹性波向下传播时，各目标层反射波易于跟踪（图 7-2）。由于断层面具有较大的反射和透射系数，地震波传播到断层面处，断层面实际上扮演了反射界面。入射波在断棱点发生绕射和反射，反射波同相轴在断棱点出处错断。在断层分界面处，由于断层上、下盘波阻抗差异，断层上盘首先产生反射，透射波则以较小的速度由断层上盘向下传播，反射波和由其上而来的各种波干涉叠加而显得不明显[图 7-2(f)、(h)]。断层在地震剖面上，表现为反射波同相轴扭曲、错动，振幅减弱等特征[图 7-2(g)]。

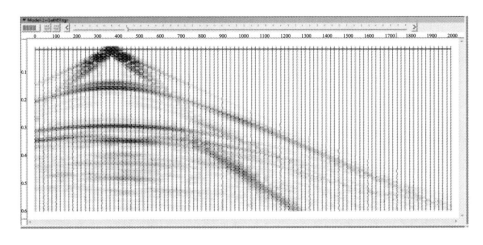

(a) 8 号炮点单炮记录

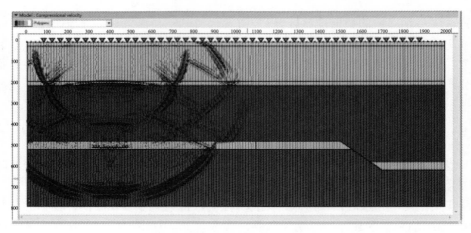

(b) 8 号炮点 220ms 时波场快照

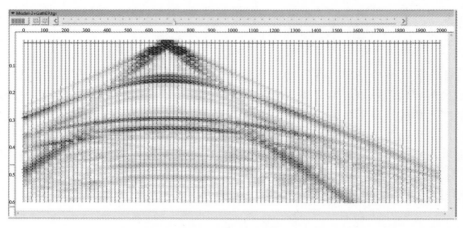

(c) 16 号炮点单炮记录

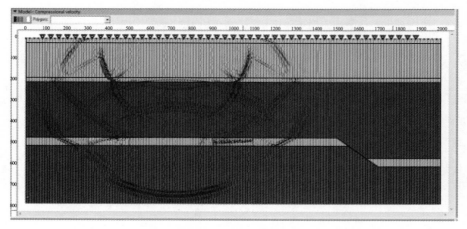

(d) 16 号炮点 220ms 时波场快照

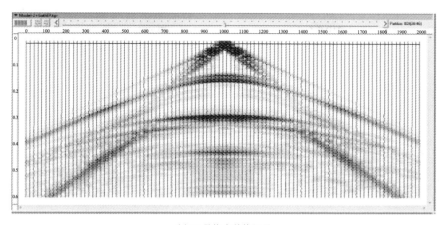

(e) 24 号炮点单炮记录

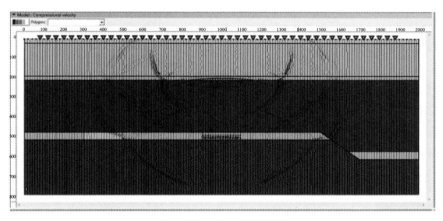

(f) 24 号炮点 220ms 时波场快照

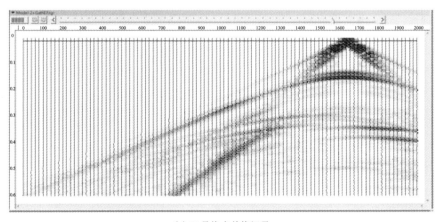

(g) 40 号炮点单炮记录

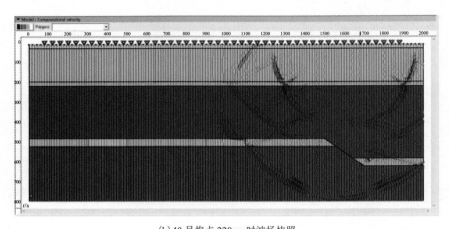

(h) 40 号炮点 220ms 时波场快照

图 7-2　各典型炮点单炮记录及其波场快照

4.综合分析

全部单炮记录经初至和底部切除后，经速度分析、抽取 CMP 道集、CMP 叠加、NMO 叠加及时深转换后，形成叠加剖面如图 7-3 所示。当煤层厚度较小时，煤层顶底板界面难以区分，随着煤层厚度增加，煤顶底板界面反射波易于区分。煤层未开采时，由于煤层与围岩的波阻抗差异，能够形成能量较强、波阻特征明显的反射波。当煤层开挖留下采空区时，采空区处的反射波与两边煤层形成的反射波相比，能量变强，频率变低，采空区的存在形成多次反射波。

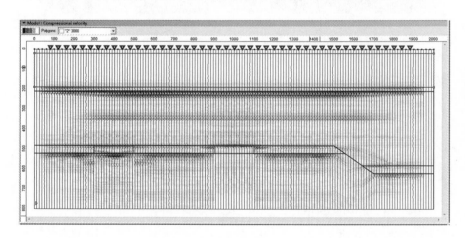

图 7-3　全部炮集叠加剖面

随着采空区内充填物质的不同，能量变化也不同。全充气时的能量比全充水时的能量高，振幅变强，频率降低。延迟越来越明显，采空区下部的局部反射段能量也越来越强。断层导致断点和断面出现明显的反射、绕射波，在地震剖面上表现为反射波同相轴错动特征(图 7-3)。

7.2　浅层三维地震勘探与异常体响应分析

7.2.1　测区地质概况

石屏一矿为川南煤田古叙矿区古蔺矿段石屏井田的一部分(图 7-4)，矿井主采二叠系龙潭组 C_{13}、C_{19}、C_{25} 煤层，共划分 435m、200m、0m 三个开采水平层，八个采区，共设计 6 个井筒。井巷掘进工作量 62 337m，在毗邻的一采区矿井掘进过程中，多次遇到大型导水陷落柱，给矿井施工带来极大影响。为保证矿井生产建设过程中实现安全生产，有效避免地下水和陷落柱带来的不利影响，合理开发煤炭资源，故开展三维地震勘探工作，查明测区内构造发育情况。

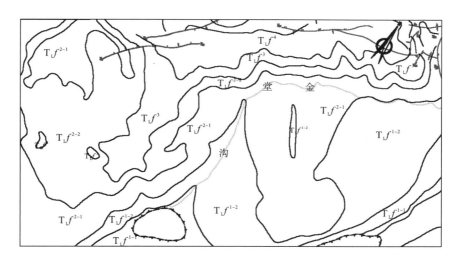

图 7-4　测区地质图

本次三维地震勘探目的层为龙潭组 C_{13}、C_{19}、C_{25} 煤层。除 C_{13} 外，煤层较稳定，全区可采。煤层速度约 2000~2900m/s，密度为 1.44~1.52g/cm³，与围岩的波阻抗差异明显，顶底板反射系数较大(在 0.424~0.563 之间变化)。其中下部煤层 C_{25} 位于龙潭组底部、茅口组灰岩顶部，由于 C_{25} 与茅口组灰岩平均相距 4.55m，往往形成能量较强的复合波，在全区可以连续追踪到 T_{25} 反射波；中部煤层 C_{19} 平均厚度 2.11m，为三层主要煤层中厚度较大的一层，其顶、底板以砂、泥岩为主，煤层与围岩之间的波阻抗差异明显，能量较强，能够连续追踪到

T_{19} 反射波；上部煤层 C_{13} 位于龙潭组上部，平均厚度约 1.51m，形成有一定振幅强度的 T_{13} 波，且波形较稳定，均可以连续追踪。

　　由于本区煤层厚度较小，煤层的间距不大，煤层及顶底板之间往往形成复合反射波，且本区煤层倾角在 10°～25°之间，一般小于 20°。上述地球物理条件的差异，为反射波的形成创造了较好的条件。因此，本区中、深层地震地质条件较好，但测区地形条件差，不利于地震勘探施工(图 7-5)。

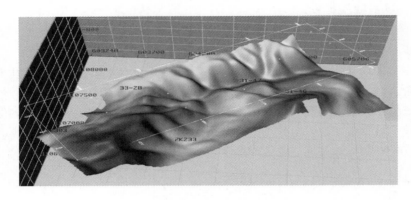

图 7-5　测区地形图

7.2.2　三维地震资料处理的关键技术

　　针对地震资料处理中的难点，本区资料处理过程中采用以下关键处理技术，提高了资料处理质量，保障了解释成果的可靠性。

　　1.观测系统定义及 QC 措施

　　利用道头字实时列表，统计每束单炮记录加载观测系统后炮、检点道头字关系文件与原始班报的关联关系，检查记录数据与所定义观测系统的匹配性。利用层析成像初至拾取产生的逐炮初至线性动校正以及道头偏移距曲线进一步检查几何观测系统定义与数据加载的质量。经 QC 无误的几何文件采用 CGG 处理软件 GEOLAND 交互加载系统进行观测系统定义，充分利用炮检位置图、炮检高程平面图、三维面元网格图、三维面元理论覆盖次数图、实际覆盖次数图、共偏移距剖面图等几何属性参数定义质量控制手段，并专门检查定义后的 CGG 内部观测系统文件，确保几何属性参数定义的准确性(图 7-6，彩图见附录)。

　　2.压制干扰提高信噪比处理技术

　　通过频谱分析、滤波分频扫描确定有效波频带，选择合理的一维滤波参数去除过高、过低频噪声，提高原始单炮信噪比(图 7-7)。

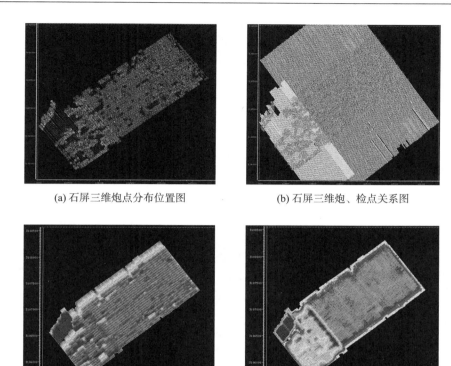

(a) 石屏三维炮点分布位置图　　　　　(b) 石屏三维炮、检点关系图

(c) 石屏三维偏移距分布图　　　　　　(d) 石屏三维覆盖次数图

图 7-6　石屏三维观测系统定义及 QC

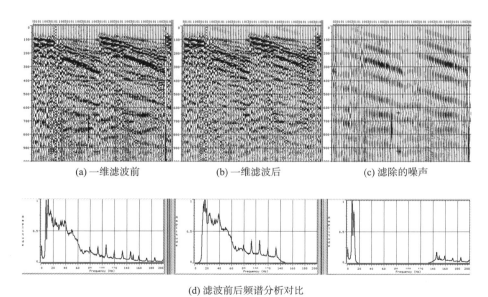

(a) 一维滤波前　　　　　(b) 一维滤波后　　　　　(c) 滤除的噪声

(d) 滤波前后频谱分析对比

图 7-7　一维滤波效果

　　去噪处理以高保真为前提，在确保有效信号不受损失的基础上，采用叠前去噪软件压制野值、大值干扰，采用散射波衰减、T-X 域线性噪声衰减等技术压制面波、折射波和直达波等线性干扰来提高记录信噪比，为后续高精度保幅保频处理打好基础。

　　部分区域地震资料线性面波、折射波及折射多次波等干扰强，淹没了有效反射，对浅中层资料信噪比影响大，必须在叠前加以压制。采用均值加权去噪、矢量分解去噪等方法，求取干扰模型并从原记录中减去，避免 F-K 滤波等传统方法的混波效应，实现高保真去噪（图 7-8、图 7-9）。

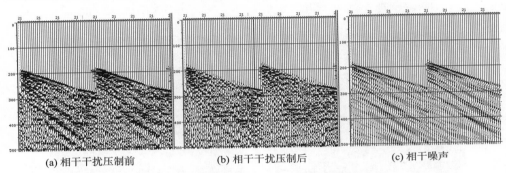

(a) 相干干扰压制前　　　　　　　(b) 相干干扰压制后　　　　　　　(c) 相干噪声

图 7-8　折射及折射多次波相干噪声去噪效果

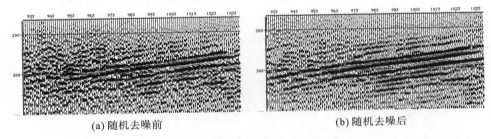

(a) 随机去噪前　　　　　　　　　　　　　(b) 随机去噪后

图 7-9　叠后三维随机去噪效果图

3.复杂近地表静校正技术

　　层析成像反演静校正适合于复杂探区的地震资料处理，能有效地解决短、中、长波长静校正问题。针对本地区资料特点，在地表高程、初至波分析的基础上，利用层析反演静校正软件建立较准确的近地表低降速带模型（图 7-10 彩图见附录、图 7-11、图 7-12）。

　　在解决中、长波长静校正问题的基础上，利用软件中的差分法，解决部分短波长静校正问题，从而保证叠加构造形态的真实性及叠加成像效果。

　　处理过程中，采用层析成像静校正技术的同时，对比试验了 LS 折射静校正技术对工区资料的适用性。经对比，LS 折射静校正技术在大部分区域与层析静校正效果相当，当在山顶原始记录信噪比差的区域，层析静校正对单炮记录信噪比改善效果更明显(图 7-13)。

　　将层析成像反演静校正结果应用到炮集和道集叠加，单炮记录和叠加质量明显提高，有效同相轴连续性改善，信噪比增强，叠加效果优于折射静校正技术(图 7-14)。

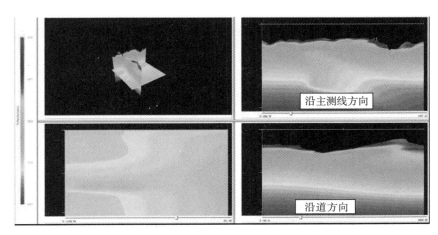

图 7-10　三维层析成像反演速度模型

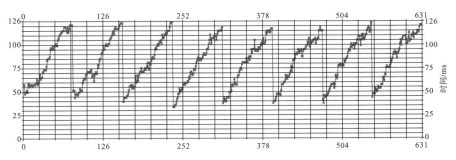

图 7-11　检波点初至时距曲线拾取

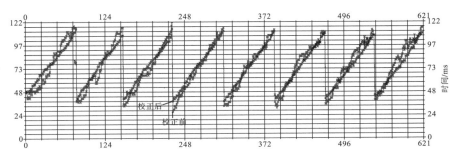

图 7-12　校正前后初至时距曲线改善情况对比

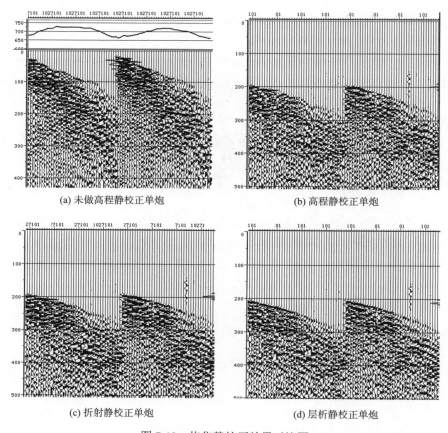

(a) 未做高程静校正单炮　　　　　　　(b) 高程静校正单炮

(c) 折射静校正单炮　　　　　　　　(d) 层析静校正单炮

图 7-13　炮集静校正效果对比图

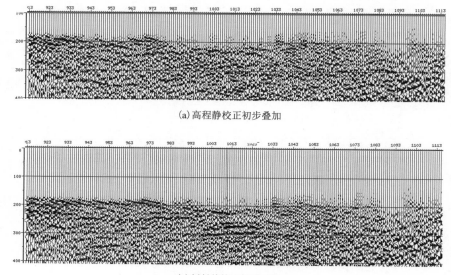

(a) 高程静校正初步叠加

(b) 折射静校正初步叠加

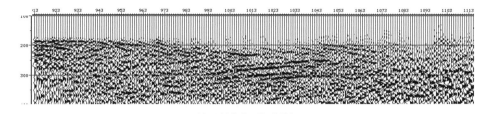

(c)层析静校正初步叠加

图 7-14 不同静校正方法叠加效果对比

4.高精度剩余静校正和速度分析迭代处理技术

剩余静校正和速度分析迭代处理是提高地震资料处理质量的关键,对资料叠加效果、信噪比、连续性的改善至关重要。采用时空变精细切除、精选速度及速度扫描,进行多次迭代直到消除速度因素、切除因素、剩余静校正量对叠加效果的影响。在层析成像和折射静校正解决了长波长静校正量的基础上,再通过速度分析和地表一致性剩余静校正多次迭代处理,进一步消除中短波长剩余静校正量的影响,提高信噪比及反射波组的连续性(图 7-15)。

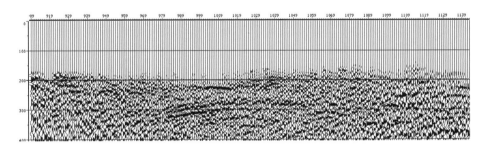

(a)L1210 线初步叠加

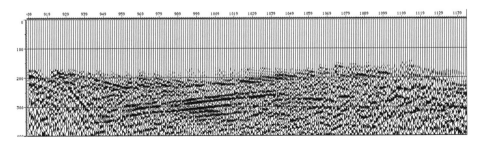

(b)L1210 线一次速度叠加

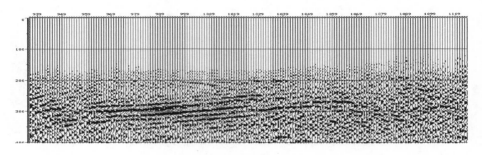

(c)L1210 线一次剩余静校正叠加

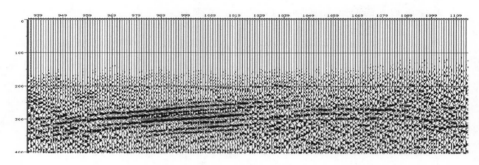

(d)L1210 线三次速度叠加

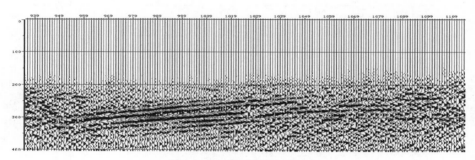

(e)L1210 线三次剩余静校正叠加

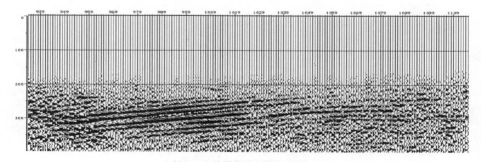

(f)L1210 线最终剩余静校正叠加

图 7-15　地表一致性剩余静校正与速度分析迭代改善叠加质量

5.子波一致性及提高分辨率技术

子波处理的重要手段是反褶积，它是地震资料处理中提高纵向分辨率的主要手段之一，在提高分辨率的同时也能改善地震反射波组特征，对反射波组特征的影响很大。反褶积方法及参数的选取好坏将直接影响波组特征的可靠性和清晰度。该工区大部分资料经静校正处理后，信噪比得到较大提高。但分辨率仍偏低，且资料分辨率分布极不均匀，呈条带状区域变化，合理提高分辨率处理此时尤为重要。结合煤田高分辨处理经验，采用按炮域— CMP 域—叠后数据—偏移后数据的顺序，在不影响资料信噪比前提下，逐步逼近达到提高分辨率的处理目的。

通过炮域地表一致性脉冲反褶积来压缩子波，合理地拓宽有效波的频带范围内的高频能量，从而提高分辨率（图 7-16）。在采用速度和地表一致性剩余静校正迭代解决数据中剩余高频静校正量，提高分辨率的基础上，采用 CMP 域有色谱子波整形反褶积解决分辨率高低条带状分布的问题，特别是对山脊部位频率较高资料和山谷频率较低资料的横向分辨率一致性的改善效果明显（图 7-17）。叠后反 Q 滤波进一步提高层间分辨率，补偿叠加效应对高频能量的损耗起到了一定效果（图 7-18）。最后，在偏移数据上进行子波整形反褶积，补偿叠后偏移运行过程中高频能量的损失，最终获得波组特征清晰，高、低频能量均衡，目的层反射波分辨率满足地质要求的处理成果数据（图 7-19、图 7-20）。

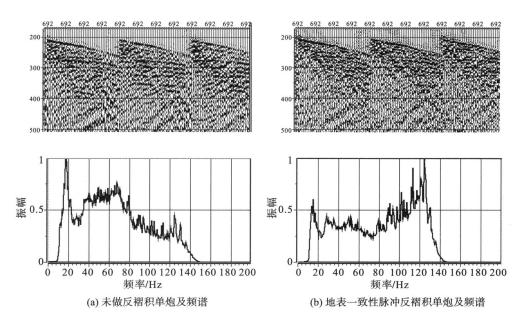

(a) 未做反褶积单炮及频谱　　　　(b) 地表一致性脉冲反褶积单炮及频谱

图 7-16　地表一致性处理技术对比效果（炮域）

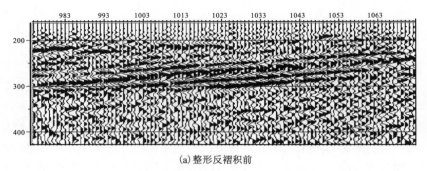

(a)整形反褶积前

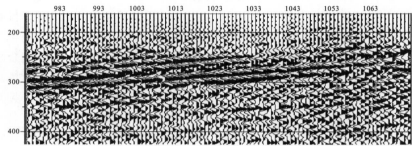

(b)整形反褶积后

图 7-17　CMP 域提高分辨率叠加效果对比

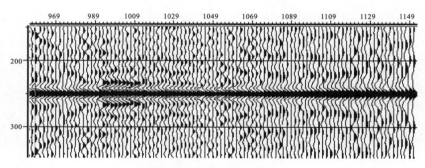

(a)反褶积前子波自相关对比

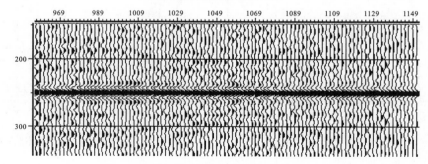

(b)反褶积后子波自相关对比

图 7-18　CMP 域提高分辨率叠加效果对比

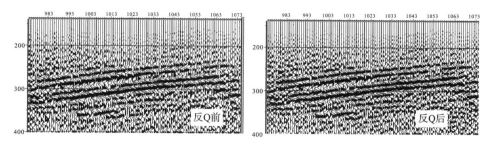

图 7-19　叠后反 Q 滤波提高层间弱反射分辨率效果对比

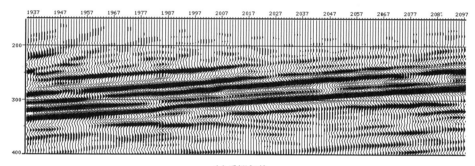

(a) 反褶积前

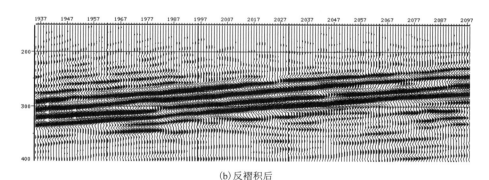

(b) 反褶积后

图 7-20　偏移后子波整形反褶积提高有效波连续性

从提高分辨率前后的单炮记录分析，不仅分辨率得到提高，信号高低频能量进一步均衡，从而在提高分辨率的同时也提高了信噪比。从频谱分析来看，反褶积后有效波频带明显展宽，本区频带为 20～110Hz，主频为 65Hz。反褶积后波组特征清晰，子波一致性更好。

6.叠后三维一步法偏移处理技术

本区构造相对简单，但小构造发育，采用叠后三维一步法有限差分偏移处理技术，通过平滑后的叠加速度扫描进行偏移速度建模，偏移速度模型与构造形态

图 7-21　石屏三维数据体

有对应性。根据地质结构精细制作偏移速度场，改善偏移成像处理效果，达到特征波收敛好，构造形态归位准确的目的。

地震资料利用 Landmark 2003 版人机交互解释系统处理，最终形成以 2.5m×5m×1ms 为单元所构成的 2.49km×0.69km×1s 的石屏矿三维数据体（图 7-21），它是获得地质成果的重要阶段。数据体根据解释需要，切成纵向、横向时间剖面，等时水平切片等资料，进行煤层赋存形态、构造、断层、陷落柱、岩性等解释，从而将地震资料转化为地质资料。

7.2.3　层位对比分析与解释

1.煤层反射波的形成

石屏矿区煤系由煤层、砂岩、粉砂岩、泥岩、砂质泥岩、黏土岩等岩层交互沉积而成（图 7-22）。煤层厚度虽然小于 3m，但根据反射系数示意图（图 7-22），煤层顶底板反射系数较大（-0.42～0.61），具有较大的波阻抗差异。由煤层顶板反射（Ⅱ）、底板反射（Ⅳ）及煤层顶底板之间多次反射（Ⅲ）共同组成与煤层有关的复合反射波，而较大的波阻抗差异是由于煤层的低密度（1.44～1.52g/cm³）、低速度（2183～2908m/s）的存在而导致的。故煤层对复合反射波的振幅贡献较大。因此在煤炭地震勘探中，常常把与煤层有关的复合反射波定义为煤层反射波进行构造解释。

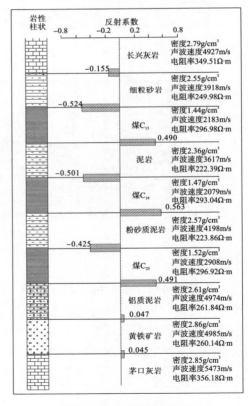

图 7-22　反射系数示意图

2.反射波地质层位的确定

层位标定关系到层位解释的正确性，它是资料解释的前提和基础，也是建立地震资料与地质资料联系的桥梁。

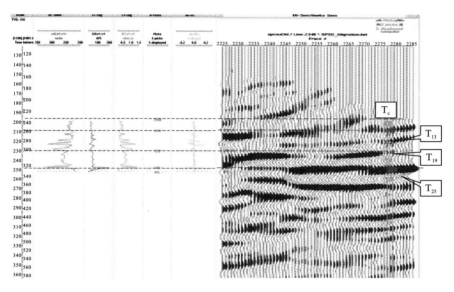

图 7-23　31-46 钻孔合成记录

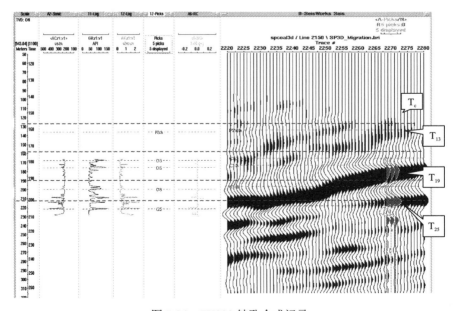

图 7-24　ZK233 钻孔合成记录

根据邻区 SMPT-1 井的声波、伽马、电阻率曲线，按照公式：AC=0.857798
×RT+202.07648，拟合出本区 233、33-28、31-46 钻孔在仅有伽马、电阻率测井
资料情况下的声波资料，采用 65Hz 零相位标准雷克子波制作了合成记录。从图
7-23 及图 7-24 可以看出，合成记录与井旁记录道吻合较好。其中 T_{19}、T_{25} 波能
量强，特征清楚，T_{13} 波能量弱一些。但三个波与钻孔已知间距相符，从而证实
了本区追踪长兴灰岩底、C_{13} 煤、C_{19} 煤、C_{25} 煤各自形成的复合反射波基本合理
可靠。

3.反射波组的地质属性及其特征

根据图 7-25 分析，本区各反射波的地质属性及其特征如下：

T_c 波：相当于上二叠统长兴底部反射；大部分地区的相位为中—低连续，中—
弱反射，所追踪的波峰时而分叉，时而合并，振幅时强时弱，对比追踪较困难。

T_{13} 波：相当于上二叠统龙潭组 C_{13} 煤强波阻抗界面的反射；在煤层薄的块
段，反射能量弱，煤层较厚的区域，为中—强连续，中振幅反射。该同相轴波组
变化快，不易追踪对比。

T_{19} 波：相当于上二叠统龙潭组 C_{19} 煤强波阻抗界面的反射；反射能量比 T_{13}
波能量强，为中—强连续，中振幅反射，在反射能量突然变弱的地段，可以依据
与 T_{25} 形成的反射波组来对比追踪。

T_{25} 波：相当于上二叠统龙潭组 C_{25} 煤界面反射；测区内大部分区域反射能
量强，连续性好，易于进行追踪对比，为标准反射层。

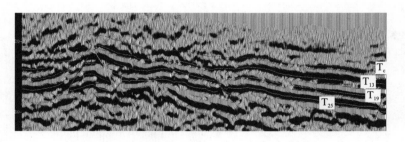

图 7-25　L2100 线地震时间剖面图

4.层位对比

首先选择骨干剖面进行 T_c、T_{13}、T_{19}、T_{25} 层位对比追踪解释，然后再以
50m×50m 进行连续对比追踪，建立该区构造宏观印象和构造模式。当确定解释
方案正确后，再进行剖面层位闭合对比。断距大于等于 5m 的断层均要进行细致
解释。在构造复杂解释困难的地段将网格加密至 2.5m×5m 进行精细解释，不放
过任何可疑现象，做到去伪存真。对地质异常体及断层，要充分利用三维信息丰

富的特点和可视化彩色显示功能，严格按照波组特征进行对比追踪，确保各种地质异常及构造解释的可靠性。

7.2.4　煤层厚度趋势解释

煤层厚度趋势解释是通过地震反演来实现的，本项目中使用 geo-office 软件，采用随机反演方法对工区进行全三维数据反演，它回避了变差函数的求取，通过对测井资料概率密度函数的求取来实现。

通常情况下，在钻孔较多时，概率密度函数基本是稳定的(图 7-26)，在分层的基础上通过窗口移动的办法，求取分段的方差，即波阻抗可能的分布范围。另一方面，可以直接采用分层统计的极值作为空间约束分布(图 7-27)，然后采用 GSINV 的核心算法——随机爬山法求取满足以上随机特征又满足地震响应的波阻抗序列。该技术除了可以实现对波阻抗序列的反演以外，还可以通过条件概率密度函数，建立波阻抗以外的其他测井序列，从而实现对其他煤层测井参数的反演。

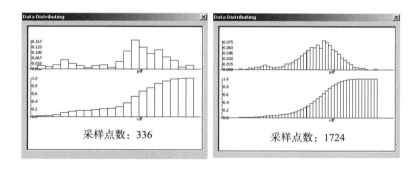

图 7-26　不同采样点求取的概率密度函数

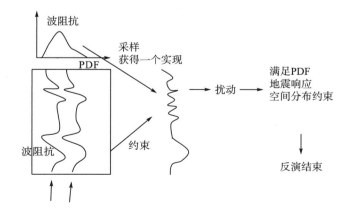

图 7-27　GSINV 反演原理

对于一个特定的工区，地层波阻抗除了通过统计得到的概率密度函数是一定的以外，通过统计还可以确定波阻抗的空间分布范围。只要一个波阻抗序列分布在一定的约束之间，可以认为是概率密度函数的一个实现，通过一定的扰动，可以使其分布接近预先给定的概率密度函数，同时又满足地震响应。

地震反演分以下几个步骤进行：

(1) 合成记录的标定：测区内只有 2303 孔、31-47 孔两个钻孔有声波测井资料，考虑到 ZK233 孔仅离工区 40m 远，因此把 ZK233 孔移到最近的工区范围内，标定合成记录，便于后期参与反演运算，提高反演的计算精度。

(2) 连井剖面的建立以及反演参数的确定：选取以 C_{13} 煤向上开 50ms 时窗，C_{25} 煤向下开 50ms 的时窗作为反演目的层段。

(3) 进行反演：选取 65Hz 的雷克子波作为反演子波，调整反演的具体参数进行运算。

由于随机反演得到的低阻抗对应的是煤层和泥质的复合响应，所以根据煤层速度比泥岩速度更低的特征，先提取低速煤层的厚度，然后再根据已知井孔煤层厚度来校正，最终得到煤层厚度分布图(图 7-28，彩图见附录)。

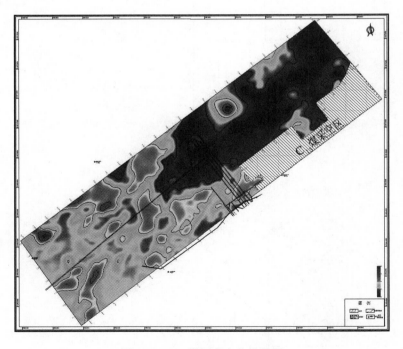

图 7-28　C_{13} 煤厚度变化趋势图

7.2.5　断层响应特征与解释

在三维地震资料解释中，根据地质任务要求，特别重视对落差较小断层的研究，充分发挥三维地震的优越性，使用多种方法诸如相干切片、三维可视化、等时水平切片、变面积显示等对小断层进行识别。

1.断点

根据本区断点表现特点，依据下列标志解释断点：反射波同相轴错断；强相位转换；相位突然增多或减少；同相轴分叉合并；断点绕射波；断面波；同一层同相轴逆掩或重复；反射波同相轴扭曲；地层产状突然变化；振幅强弱变化等。断点解释时须从 L 线方向、T 线(道)方向综合考虑来解释断点的发育情况，并以波形变面积时间剖面为主，配合其他彩色显示剖面及等时切片图识别断点。对落差 3～5m 的断点，为避免因岩性或物性变化导致反射中断而误解释为断点，除常规方法解释外，应充分借助相干切片、像素成像、瞬时相位处理、变面积显示等手段进行小落差断点的识别和解释。

三维资料的断点解释除利用常规时间剖面解释外，还借助等时水平切片、变面积显示、三维可视化(图 7-29，彩图见附录)等方法，仔细地捕捉断点信息。在资料解释中特别注意区别地形及岩性变化对反射波同相轴可能形成的错断假象，保证断点解释的可靠性。

全区经 T_c、T_{13}、T_{19}、T_{25} 等反射层的追踪对比解释断点 992 个。按断点质量标准评级，其中 A 级断点 807 个，B 级断点 185 个，无 C 级断点。由此看出，该区断点可信度高，为断层组合创造了极为有利的条件。

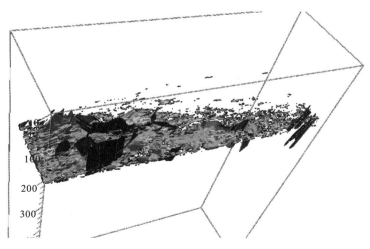

图 7-29　断点的三维可视化图

2.断层在相干切片上的特点

在分析相干体时间切片并初步形成对断层空间展布和平面相互关系宏观认识的基础上，以三维叠后时间偏移地震剖面为主，采取二维平面和三维空间联合对比解释技术，利用 Landmark 软件的三维可视化模块(Geoprob 模块)开展断层三维空间骨架解释。首先从断距较大、延伸长度较远的主要断层开始，逐级对断层进行解释。同时注意垂直切片与水平切片上同一断层的一致性，把握断层要素横向变化关系。为保证同一断层的可靠性，在断层组合时，依据区域地质规律，充分利用工作站优势，确保断层解释合理，不同断层的相互切割关系符合地质规律。

断层异常在相干切片上表现为低相干显像。图 7-30、图 7-31、图 7-32 分别为 T_{13}、T_{19}、T_{25} 煤层反射波相干属性图，图中黑色条带代表断层或裂隙引起的低相干区域，直观地表示出断层的发育部位。分析相干属性关系，除了明显看到落差较小断层的表象情况之外，还清楚地表现了 C_{25} 煤层断层、裂隙较发育，C_{13} 煤层次之，C_{19} 煤层相对较少的特点。

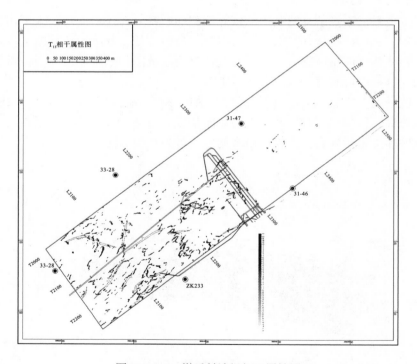

图 7-30　T_{13}煤反射波组相干属性图

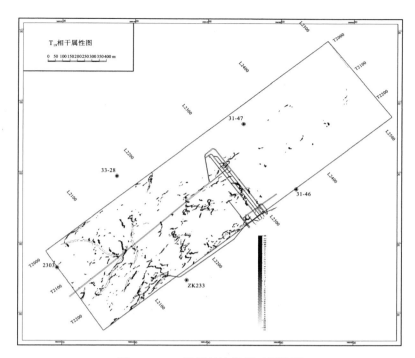

图 7-31　T$_{19}$煤反射波组相干属性图

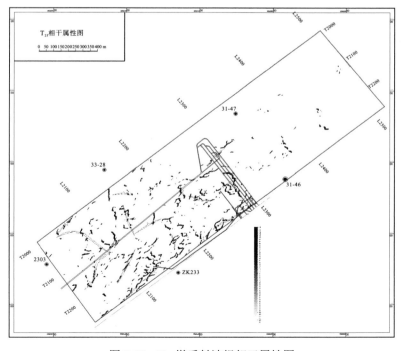

图 7-32　T$_{25}$煤反射波组相干属性图

3.断层在等时水平切片上的表现特征

等时水平切片是显示地震数据体在某一时刻的平面分布，它同地震剖面一样，都是反映地震波振幅之间的强弱关系，只是地震剖面反映的是数据体纵向的能量关系，而时间切片反映的是地震横向上的能量分布关系。

当断层发育、地震波能量变弱时，充分应用等时水平切片的放大作用，在等时切片上可靠地反映出断层发育部位。如图 7-33 所示，T=248ms 时在 L2290 的位置上，有能量变弱、相位错断的现象，再结合地震剖面，该能量变弱的部位就是断层发育的位置。因此，可以根据等时切片来指导或验证断层解释的合理性。

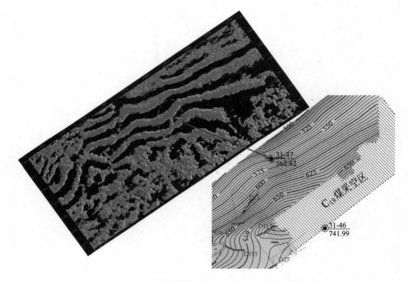

图 7-33   F18 断层在 248ms 时的水平时间切片

本次三维地震资料共解释断层 38 条，其中逆断层 37 条，正断层 1 条。总体看来，本区以小断距逆断层为主，构造幅度不大。在测区西部断层发育，东北部构造相对简单。通过分析，断层特征如下：

垂直方向上：从长兴灰岩底部到茅口灰岩顶部，断层都很发育，大多数断层错断龙潭组地层，也有的断层向上发育错断长兴灰岩底，向下发育错断茅口灰岩顶。仅有少数断层单一错断 C_{13}、C_{19}、C_{25} 等主采煤层。

平面上：测区中西部构造较复杂，逆断层发育；东北部构造简单，断层不发育。根据平面图分析，区内发育着 NE 走向及 NW 走向两组断层，且大部分断层走向 NE，少数断层走向 NW，说明古蔺复式背斜构造受北东及北西方向构造作用力较大，产生压扭性应力场，逆断层较发育。但在测区 L2240～L2515、T1940～T2150 范围内构造较为简单，断层不发育，断层很少。

7.2.6　采空区响应特征与解释

　　测区小煤窑大多分布在浅部，主要沿煤层露头进行开采。小煤窑采用平硐、斜井、平硐加斜井的方式由浅至深开拓，开采方式不规范、开采层位不确定，因此各煤层采空区位置变化较大。在采空区内，由于煤层被采而失去了岩层在垂向、横向的连续性，改变了地球物理场的变化规律，当地震波传播至采空区时，不能形成连续的有一定振幅强度的反射波，大多出现零星的短轴杂散反射。在具体解释采空区时，主要依据地震资料品质分布图，并结合地震剖面煤层被采空后的波组特征来确定。

　　如图 7-34 所示，地震剖面的左侧，地震反射波组的动力学特征清楚，右侧则十分杂乱，散射、绕射发育，不存在连续的反射波。结合地震资料品质分布情况，圈定的低信噪比范围即为采空区范围，反射波中断点即为煤层采空区与非采空区的分界点。在平面上将同一煤层的这些分界位置点勾绘起来，可确定某一煤层采空区在平面上的分布范围。

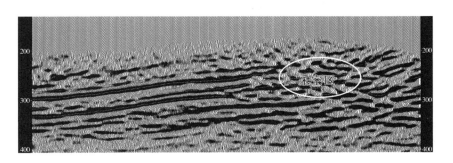

图 7-34　采空区地震波组特征剖面(L2500 线)

7.2.7　岩溶及陷落柱响应特征与解释

　　测区内二叠系茅口组灰岩岩溶极为发育，溶洞、溶斗分布较多且发育较深，在侵蚀基准面附近发育仍较强烈(图 7-35)。当岩溶、溶洞发育到一定程度时，上覆煤系在重力及各种地质力作用下失去平衡，沿岩溶、溶洞向下陷落，逐渐压紧压实而形成陷落柱。因陷落地层的不同，陷落柱的岩石成分极为复杂，它与周围未陷落地层的岩性差异较大，当地震波传播至陷落柱及周围地层时，动力学及运动学特征发生明显变化，出现同相轴中断或同相轴下拉、漏斗型同相轴挠曲及倾斜反射、绕射、散射、衍射等地球物理现象。

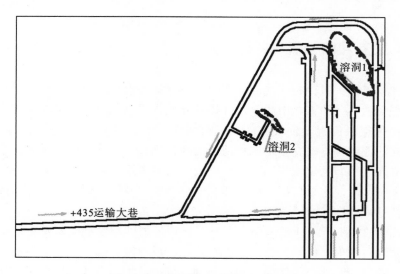

图 7-35 巷道揭露溶洞位置示意图

在对比解释三维地震资料时，通过地震剖面显示及 Landmark 工作站 Geoprobe 三维可视化模块来识别陷落柱。根据反射特征的变化，在时间剖面上确认陷落点及陷落柱位置、陷落顶、陷落柱体形状，再在平面上勾出陷落柱的具体位置，确定陷落柱长轴、陷落柱短轴、陷落面积等参数，控制平面形状的变化，分析陷落柱导水情况，为防水、治水提供地质资料。

1.溶洞的控制

本区茅口组灰岩溶洞发育，在三维地震勘探 L2290 时间剖面上，T_{25} 波之下出现同相轴中断(图中的虚线范围)，在同相轴中断之间呈现反射能量空白带(图 7-36)，凸显了溶洞的存在。将其展示在平面图上时，恰好与二采区轨道上山巷道拐弯处所见溶洞位置一致，于是提取了 T_{25} 波向下 30m 处地震波均方根振幅属性，其中蓝色表示振幅强，红色和黄色表示振幅较弱，黑色为能量空白区(图 7-37，彩图见附录)。

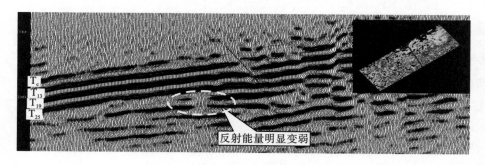

反射能量明显变弱

图 7-36 L2290 滤波地震剖面溶洞特征

图 7-37　C_{25} 煤向下 30m 均方根振幅属性图

2.陷落柱的控制

溶洞上覆地层在长期地质力作用下塌陷，逐渐形成陷落柱。本区在三维地震资料解释中，根据反射波中断、挠曲、零散反射等动力学特点，在 L2205～L2230、T2125～T2150 的范围内控制了一个陷落柱(图 7-38)。

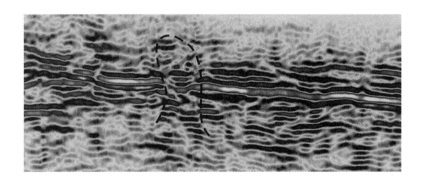

图 7-38　陷落柱在地震剖面上的响应特征

在剖面上(图 7-38)，陷落柱面与水平面呈 60°～80°夹角，中心轴线与地层呈约 80°夹角，在平面图上形态为椭圆形。陷落柱顶标高约 750m；在平面上呈椭圆形，长轴北东向，长 127m；短轴北西向，长 65m，面积为 0.0068km^2。图 7-39 为陷落柱三维地震可视化图，图 7-40(彩图见附录)为陷落柱三维立体显示图。

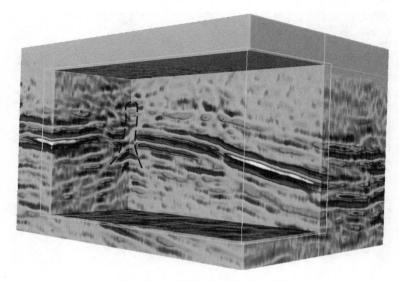

图 7-39　陷落柱的三维可视化图

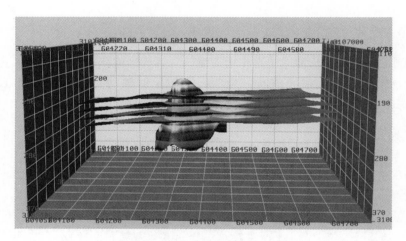

图 7-40　陷落柱的三维立体显示图

7.3　井下多波多分量地震勘探与异常响应分析

矿井地震勘探工作环境条件特殊，除地面常规意义下与波的运动和波动特性相关的影响地震分辨率因素外，则表现为与矿井地震勘探相关的特殊性。一方面，井下环境条件差、噪声大，工作空间狭小，仅能在有限空间内根据地质任务合理设计观测系统，通过高密度采集和高分辨率数据处理来提高空间分辨率；另一方面，由于井下地震勘探是在煤系岩层中进行激发和接收，因此，无地面勘探中受地表松散层吸收或煤系上覆高速层屏蔽作用等的影响，又具有实现近源高分辨率勘探的有利条件。

7.3.1　矿井多波地震勘探原理

煤矿井下场地空间有限，只能根据矿井巷道分布情况，在巷道展布空间内开展地震勘探工作，通常是在巷道底(顶)板、侧帮或掘进工作面进行。矿井地震勘探观测系统多是在井下工作空间条件和所要解决的地质任务约束下，由矿井物探工作者试验与开发总结出来的，其系统布置灵活多变。这里介绍的是本次工作使用到的沿巷道走向布置的观测系统，包括地震小排列、自激自收(反射波高密成像)和多次覆盖观测系统。

1.地震小排列

在选择布置好的测线上布置激发与接收点，一次激发，多道接收，形成一个具有一定偏移距与道间距的观测系统，即为地震勘探排列。当界面埋深为 h 时，反射波的时距曲线方程为

$$t_P = \frac{1}{V}\sqrt{x^2 + 4h^2} = \sqrt{t_0^2 + \frac{x^2}{V^2}}$$

式中，t_P 为纵波反射时间，s；V 为波传播速度，m/s；x 为震源与检波器间距，m；h 为反射界面深度，m；t_0 为垂直反射时间，s。

设界面倾角为 ϕ，测点法线深度为 h，则时距方程为

$$t_P = \frac{1}{V}\sqrt{x^2 + 4h\sin\phi + 4h^2}$$

其激发与接收系统的震源和检波器布置方式如图 7-41 所示。

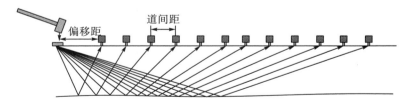

图 7-41　多波勘探震源与检波器的布置排列示意图

在一次布置的观测系统下，就可以利用检波器排列接收观测有效地震波的时间与距离的变化关系，并通过软件解析得出地下不同物性介质层的赋存状况。利用三分量检波器串接收，可对三维波场信号进行观测分析，同时观测研究纵波、横波和瑞利波等，实现多波联合勘探。

2.自激自收（反射波高密成像）

高密度地震影像法是浅层反射波法吸收探地雷达方法的优点后产生的一种新的物探方法，它采用小偏移距或等偏移距，单点激发，单点接收或多点接收，经实时数据处理，以大屏幕密集显示波阻抗界面的方法形成彩色数字剖面，再现地下结构形态。

在地震勘探中，反射波法为了避免先于反射波到达的直达波、横波、地滚波和折射波等干扰，需选择足够大的偏移距。而在浅层和超浅层探测时，偏移距过大，则可能形成宽角反射，并带来一系列难题，偏移距小则难以避开上述干扰。在场地狭小处也难以布置水平叠加观测系统。探地雷达、水声法等通常采用小偏移距的反射-接收系统，以避开先于反射波到达的各种干扰波。高密度地震影像法是仿照这些方法，采用小偏移距系统，并充分利用所能接收到的各种波携带的地下信息，达到重现地下结构的目的。

由弹性波理论可知，震源附近为折射波盲区，不存在极浅层折射波对浅层反射波的干扰，其他规则干扰波大多为远区场的解，在震源附近无法满足其边界条件，如面波等都不存在。因此，在震源附近一个极窄小的区域内存在着一个最佳反射波观测接收窗口。自激自收反射波法就是利用这一窗口在有限区域内进行探测的。高密度地震影像法现场测量布置如图 7-42 所示。

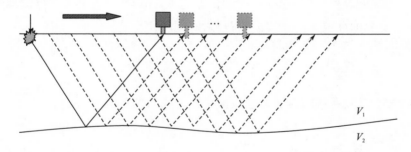

图 7-42　自激自收（反射波高密成像）的布置示意图

由震源激发的地震波在向下传播时，当遇到不同的波阻抗界面，如空洞、断层破碎带和岩性界面等，就会在界面上发生反射，其反射系数 R_n 为

$$R_n = \frac{\rho_n V_n - \rho_{n-1} V_{n-1}}{\rho_n V_n + \rho_{n-1} V_{n-1}}$$

式中，ρ_n、ρ_{n-1} 表示第 n 层和 $n-1$ 层介质的密度；V_n、V_{n-1} 表示两层介质中地震波传播的速度。从公式中可以看出，当 $R_n \neq 0$ 时，即 $\rho_n V_n \neq \rho_{n-1} V_{n-1}$，在该界面就会产生反射，$R_n$ 越大，反射信号能量越强。反射波高密成像法勘探就是基于这一原理，通过激发和接收地震反射波信号来研究各种地质现象的。

3.多次覆盖观测

多次覆盖观测系统是根据水平叠加技术的要求而设计的，水平叠加又称共反射点叠加或共中心点叠加，如图 7-43 所示，就是把不同激发点、不同接收点上接收到的来自同一反射点的地震记录进行叠加，这样可以压制多次波和各种随机干扰波，从而大大地提高信噪比和地震剖面的质量，并且可以提取速度等重要参数。多次覆盖观测系统是目前地震反射波法中使用最广泛的观测系统。

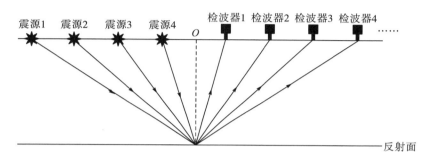

图 7-43　共反射点示意图

7.3.2　煤层风氧化带多波地震探测分析

风氧化带造成煤层厚度变化或缺失，直接影响到矿区规划与矿井生产，历来为煤田地质勘探的重要内容（王菁，2012；刘忠远，2011）。风氧化带内的煤层顶板具有岩体强度低、裂隙发育、孔隙率高、亲水性强、无老顶等典型的变异特征（杨本水　等，2003）。工作面开采时，若冒落带和导水断裂带波及上部含水层，可能引发突水溃沙事故，危及矿井安全生产，因而一直被视为开采的禁区（代长青　等，2007）。目前，国内外通过煤层风氧化带的掘进和开采技术及经验普遍还不成熟，在此情况下，采掘工作面若强行通过煤层风氧化带，可能会导致工作面煤壁松软，片帮、漏顶严重，支架支护状态差，前移困难，影响工作面的正常生产。因此，在布置工作面时，一般不将综采工作面布置在风氧化带岩层下（王林中　等，2014）。因此，在矿井采掘工作面设计过程中，预先查明风氧化带的分布范围及可能的延伸情况，对于采区和工作面的设计布置、采掘方案的制定都具有指导意义（胡运兵，2010）。

7.3.2.1　工作面地质概况

内蒙古某工作面主采侏罗系延安组上部五煤层，平均煤厚 4.35m。工作面主采侏罗系延安组上部五煤层，其风氧化带与上覆侏罗系直罗组含水层组直接接触。根据井田内 Z1、Z2、Z3、Z8、Z10 等 5 孔 5 层次抽水试验资料，该含水层组厚度 23.82～66.72m，地下水位标高+1229.11～+1261.42m，单位涌水量 0.0179～0.1456L/（s·m），渗透系数 0.0432～0.3440m/d，富水性中等，煤层顶板导水裂隙带高度内的直罗组砂岩为煤层直接充水含水层。因此，采掘工作面布设时，根据前期地面三维地震和瞬变电磁探测结果，初步圈定出五煤风氧化带的边界和分布范围，并据此设计走向长约 2800m，倾向宽大于 200m 的工作面并平均预留 50～60m 的防水煤柱（图 7-44）。然而，在皮带顺槽和轨道顺槽掘进过程中，均不同程度出现煤层厚度变薄，皮带顺槽甚至出现煤层消失的现象，造成掘进工作面停工，严重影响了煤矿的生产进度。为了准确查明工作面内风氧化带边界，从而对采掘工作面进行调整，在进一步解译、分析地面三维地震和瞬变电磁探测结果的同时，沿巷道侧帮及掘进迎头开展矿井物探，为优化采掘工作面布置方案提供依据。

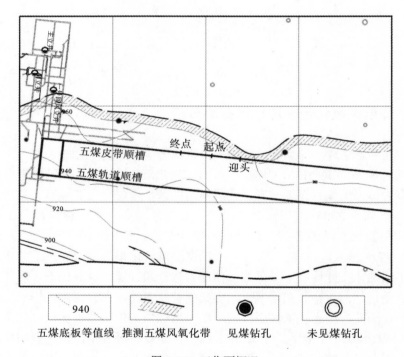

图 7-44　工作面概况

7.3.2.2　井下工程设计

地质勘探资料及井下观测分析表明，延安组沉积后遭受强烈风化，并伴随地表冲刷，风氧化带分布不均匀，横向厚度变化大，且产状起伏不定，为后期解译增加了难度，但同时也增大了风氧化带在水平方向的物性差异，为超前探测提供了良好的反射界面。为克服此种地质条件的影响，在工作面皮带顺槽掘进迎头和侧帮采用三分量多测线立体组合观测系统，尽可能增大采集的地震数据量。

其中，沿迎头水平方向布置三条平行测线，均匀布满整个空间。检波器间距设为 10cm，偏移距 10cm，据迎头宽度各布置 12 个测点，尽量沿水平方向布满，以保证足够数量的测点。沿巷道侧帮布置两条测线，测点间距 5m，检波器间距 1m，偏移距 1m，采用大锤激震。侧帮起点距迎头 100m，根据现场环境条件和探测要求各布置 40 个测点，如图 7-45 所示。

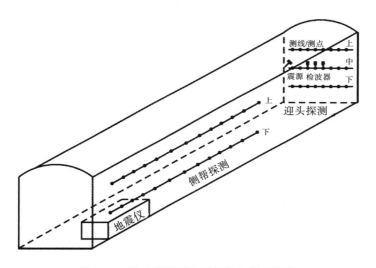

图 7-45　迎头和侧帮地震测线布置示意图

7.3.2.3　地震数据处理与解析

三分量数字检波器接收现场实测数据，经室内回放，利用专用软件进行处理分析。除对各测线数据进行抽道、叠加、反褶积与偏移等常规处理外，还应用部分反演技术，使地震波运动学与动力学属性参数相结合，实现井下极复杂区域地质条件的精细探查。

煤层与顶底板岩性存在差异，在煤层反射波切片上对应有反射异常带（吴奕峰 等，2010）。煤层与正常顶板反射界面比煤层与不规则风氧化带分界面反射好，故边界表现为反射异常，可以利用振幅明显变弱、相位发生转移、波形特征改变等地震属性来圈定煤层风氧化带的边界。研究表明，地震振幅与煤层厚度之间存在对应关系，厚度小于 10m 的煤层其厚度与地震振幅成正比，据此可对煤层风氧化带进行解释（裴文春 等，2007）。风氧化带在地震时间剖面上表现为地震波同相轴的中断或变弱，在顺层切片上则表现为振幅弱异常。但也应注意，由于煤层风氧化带成因复杂，并不是所有弱振幅异常带都是由风氧化形成的，因为断层破碎带、煤层自然变薄带以及顶板含水带都可形成煤层反射波弱振幅带。因此在研究过程中，应将各种原因造成反射波振幅异常带进行综合分析（胡朝元 等，2000）。本节在地面三维地震和瞬变电磁探测二次解译的基础上，结合地质勘察资料以及井下观测结果，对巷道掘进迎头和侧帮进行综合解译。

1.迎头

迎头三条测线采集的数据经软件处理、叠加后，得到各自单道波形记录，如图 7-46 所示。地震波在传播过程中正常衰减，遇异常界面波形发生变化。根据波形图上相位和振幅等明显变化，读取异常位置所对应的走时 t_1=15ms、t_2=45～60ms。一般而言，15ms 以前振幅波动较大的时段主要为直达波干扰；15ms 以后为异常反射所致。煤层波速按 2m/ms（风氧化带会导致波速降低）计算，可大致推断迎头前方 90～120m 存在反射异常。各测线对应的地震剖面如图 7-47 所示，其地震属性变化特征与图 7-46 所示基本一致。

为充分利用测线组的数据信息，采用三维可视化技术对探测区地震波异常情况进行更加直观的解析。进行掘进迎头观测时，掌子面上位于煤层位置只发育有薄煤泥，其余部位均为顶底板岩石。通过对三维数据体进行多层多方位切割，综合分析可以判断探测前方岩层分布不稳定，局部厚度变化不均，推断为异常区位置（图 7-48，彩图见附录）。

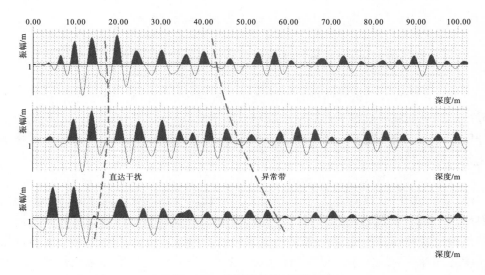

图 7-46　各测线单道波形图

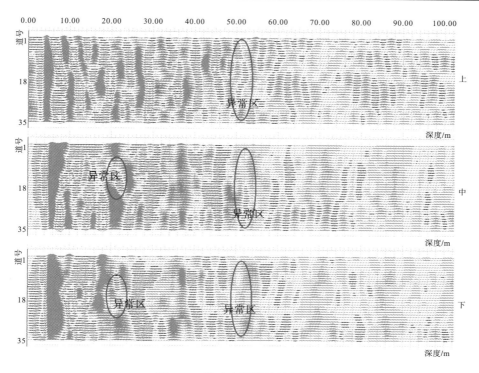

图 7-47　迎头各测线地震剖面图

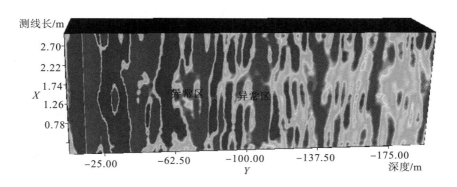

图 7-48　迎头地震三维数据体全视图

2.侧帮

　　巷道侧帮处理方法与迎头相同，采集数据经处理后，绘制出相应的地震剖面和三维数据体全视图(图 7-49、图 7-50 彩图见附录)。由地震剖面和三维可视化数据体可判断，工作面煤层分布极不稳定，在地震剖面上普遍存在断续、短轴状反射波组，波组连续性多较难以追踪，局部呈杂散反射，说明探测前方煤层及其顶底板多起伏不平，煤层厚度变化大。波组整体呈弧形，根据地震波走时推断反射面深度介于 24～36m。

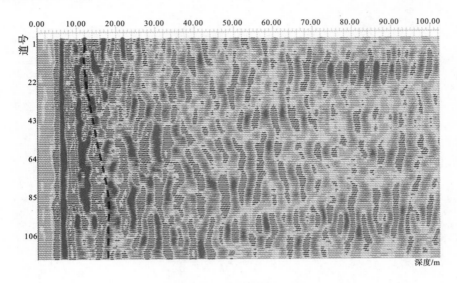

图 7-49   侧帮地震波剖面图

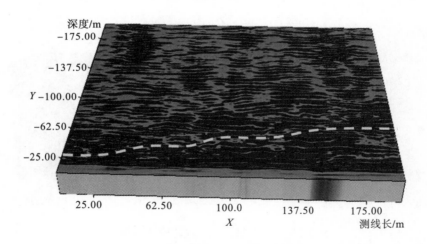

图 7-50   侧帮地震三维数据体全视图

7.3.2.4 钻探验证

地震勘探完成前后，共施工 17 个钻孔进行验证，16 个布置在侧帮，1 个布置在掘进迎头。其中有 4 个钻孔见煤，T_6 方位角 96°，水平角 4°，累深 40m，16m 见煤，27m 穿过煤层；T_8 方位角 66°，水平角-2°，累深 50m，36m 见煤，终孔有煤；T_{12} 方位角 51°，水平角 3°，累深 60m，30m 见煤；T_{11} 方位角 36°，水平角 1°，累深 90m，60m 见煤。唯一超前探孔 T_{17}，累深超过 100m，未见煤(图 7-51)。据侧帮 4 个见煤孔分析，风氧化带边界位于皮带顺槽靠工作面一侧 30m 范围内。沿迎头方向可能由于是水平探孔，累深大，方向难以控制，或风氧化带侵蚀较深，故未能探测到煤层，建议在原探点掘进 50m(90/2～120/2)后再进行探测。

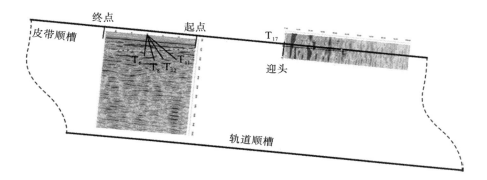

图 7-51　煤层风氧化带解译图

第8章 异常体多场联合探测技术体系与实践分析

8.1 煤田地球物理勘探技术及分析

煤田物探方法的物理基础是地壳中存在许多物性不同的地质体或分界面,它们在天然物理场,如重力场、地磁场、地热场及放射性场等,或者人工物理场,如人工电场、电磁场、人工地震波场条件下,会产生不同的物理响应。物探工作者在空中、地面、钻井中或矿井内用各种仪器采集观测这些物理场的变化数据,通过计算机分析研究所采集的物探数据,推断解释地质构造和矿产分布情况。

煤田地球物理勘探可以在地面和矿井中进行。按所利用物理场、观测对象或工作空间的不同,可进行如图8-1所示分类。

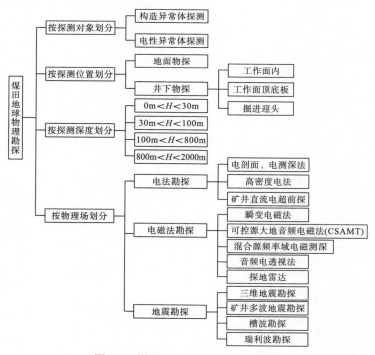

图 8-1　煤田地球物理勘探方法分类

　　地面物探的主要任务一是为采区规划设计和先期采区设计提供详细的地质依据；二是为工作面、井巷工程合理布置和采煤工艺的选择提供详细的地质资料。井下物探的主要任务是在工作面开拓前查明或控制工作面内地质异常，一般在巷道内以煤层或其顶底板为主要探测对象，属于隐伏目标体定位问题。各方法的施工难度不同，影响因素不同，探测精度受到井下三维空间的限制，达到准确预报的难度很大，目前还没有任何一种地球物理方法可以准确有效地判别前方地质条件。

　　对于种类繁多的地球物理探测技术来说，每一种物探方法都有其自身的特点，也分别存在各自的应用前提和条件，尤其在复杂的探测条件下，单一的物探方式往往会造成探测结果的多解性。因此在实践中，应当根据具体的地质情况及探测环境，应在详细的地质分析基础上，综合选用多种物探手段在地面或矿井下开展工作是煤田地球物理勘探工作的首选。尽管所有物探方法其手段都是间接的，存在多解性和不完备性，但采用不同物探方法进行综合探测时，根据同一异常体引起的构造、电磁场或地温场等物性差异变化，利用同源异场聚焦作用，定性与定量相结合，取长补短，可有效消除单一物探方法的多解性，提高探测精度。而采用何种物探组合方式，需要综合考虑各物探方法的适用性。

8.2　煤田物探技术的适用性

　　各类物探手段所反映的物理特征决定了它的适用条件和范围。如地震手段测量的参数为折射、反射、透射地震波的旅行时，表现的物理特征是地下岩石密度和弹性模量，它们决定地震波传播速度；电法测量地下岩石电阻、电压、电位等参数，表征的物理场是电导率等。因此，应用物探方法时，要深入研究勘查对象的地质物性条件，分析是否满足适用条件，选用适合的方法，注意用多种有效的物探手段综合解释，才能有针对性地解决矿井地质勘探中的问题，取得良好的地质效果。表 8-1 简要列出各类物探手段的利用参数、适用条件和解决的地质任务。

表 8-1　常用煤田地球物理勘探方法适用性一览表

方法			利用参数	适用条件	解决的地质任务
地震类	折射波法		岩石纵波、横波、转换波的运动学、动力学等特征，如速度、振幅、频率和相位等	折射法应 $V_2 > V_1$；反射法应满足地层分界面有明显的波阻抗差；煤层厚度 1m 左右，煤层间距大于 10m，地层倾角＜15°时最有利	探测适合成矿条件的地质构造、盖层厚度；广泛应用于普、详、勘各阶段；三维地震解决采区内小构造，配合电(磁)法对水文地质条件进行评价
	反射波法	二维			
		三维			

续表

	方法	利用参数	适用条件	解决的地质任务
地震类	瑞利波法	根据瑞利波各谐波分量沿垂直自由表面方向衰减不同,测量已频散的瑞利波各分量的传播速度	适用于探测几十米以内地质体的几何形态	探测岩土分层,断层、洞穴等地质构造或异常
	声波探测	由声源激发的声波和超声波在岩体中传播的速度、振幅、频率、相位等	适用于工程地质及矿山工程小范围探测	研究岩体的物理力学性质、构造特征及应力状态等
	槽波地震	利用在井下煤层中激发和传播的导波	煤层上、下界面存在速度差异	探测煤层中的构造
	微地震探测	记录、分析具有统计性质的频度、振幅及频率,利用P波、S波走时和射线方向定位	岩体变形和破坏发射出的声波和微震	矿山安全动态监测,地质灾害预测,建筑工程防震与抗震测试
电(磁)法类	激发极化法	极化率、衰减时间	探测对象与围岩有明显的电性差异	探测含水地层
	自然电位法	自然电位差	浅层地下水流速足够大,有一定矿化度	探测岩溶、滑坡及覆盖层下地下水沿断裂带活动的情况
矿井直流电法	顶底板电测深法	垂直顶底板方向电性变化规律	探测地质体与围岩有明显的电性差异	探测井下水文地质条件及富水构造、陷落柱
	层测深法	煤层方向视电阻率及其变化	煤层顶底板与煤层有明显的电性差异	追踪断层在煤层中延伸情况,探测煤层中隐伏断层及其他构造扰动
	电剖面法			预测断层构造带含水程度等
	单极-偶极法	巷道探测方向上有效深度内岩石电性变化,主要测量参数为视电阻率		探测构造扰动,预测掘进头前方地质构造
	高密度电阻度法			预测工作面开采地质条件和水文地质条件
	直流透视法		将AB和MN电极分别设置在回采面相邻巷道中,研究巷道间工作面范围内电场分布规律及变化特点	追踪断层延伸方向,探测隐伏断层、裂隙发育和含水程度
矿井电磁法	矿山探地雷达	介电常数	探测对象与围岩间存在明显的介电性差异	探测顶底板及回采工作面前方小断层、老窑、空巷、岩溶分布、煤厚、充水小构造、底板隔水层厚度及陷落柱
	无线电波透视法	电阻率、介电常数和磁导率	探测对象与围岩间存在电阻率、介电常数和磁导率差异	探测各种地质体和小构造,如断层、煤厚变化、岩浆入侵体及陷落柱等
	大地电磁测深及人工源电磁频率测深	卡尼亚视电阻率	可进行有源、无源电磁测深、瞬变电磁法探测,以及激发极化法探测等	查找岩溶、断层裂隙及岩层分界面,探测充水构造。探测导电、导磁体,寻找充水构造,判别地下岩石富水性

续表

方法		利用参数	适用条件	解决的地质任务
其他	矿井微重力	重力加速度及重力场变化	沿巷道或不同水平巷道、在不同深度测量	寻找小断层，划分地层，含水构造预测等
	红外遥感	岩石辐射温度	探测地质体与围岩有明显的温度差异	探测岩溶水及巷道突水点和地下水分布情况
	氡气测量	d 粒子数量、强度及异常	将 d 卡片埋置在煤巷及岩巷壁测量	构造裂隙带、破碎带等涌水通道

以上地球物理探测技术的发展，使得现代矿井开采基本能够做到作业按计划、效率达设计、安全有保障，再结合钻探和矿井地质分析，已经初步形成了矿井开采地质保障体系的雏形。目前国内外物探技术手段较多，但由于测区所处位置附近的地形地质及充填物质的差异，在探测时一般会根据地质情况选取不同的方法。然而，不同的方法在具有不同优势的情况下也具有不同的缺点，各探测手段具有一定的效果但也具有局限性。如探地雷达探测分辨能力强但深度有限；地震和瑞利波分层能力虽较强，但对是否充水反应不明显；直流电法受接地条件影响较大等。瞬变电磁法也存在金属支护结构影响较大，发射线圈和接收线圈的互感效应对信号采集存在干扰，对低阻异常反应灵敏，对围岩稳定性、破碎程度的判断不准确及浅部存在勘探盲区等问题。常用煤田物探方法及其解决的地质问题统计如表 8-2 所示。

表 8-2　常用煤田物探方法及其解决的地质问题一览表

分类		电法勘探			电磁法勘探					地震勘探			
		电剖面电测深法	高密度电法	矿井直流电超前探	瞬变电磁法	可控源大地音频电磁法	混合源频率域电磁测深	音频电透视法	探地雷达	三维地震勘探	矿井多波地震勘探	槽波勘探	瑞利波勘探
按探测对象划分	构造异常体探测								※	※	※	※	※
	电性异常体探测	※	※	※	※	※	※	※					
按探测位置划分	地面物探	※	※		※	※			※	※			※
	井下物探　工作面内	△	※		※			※	※		※	※	※
	井下物探　工作面顶底板	△	※						※		※		△
	井下物探　掘进迎头			※					※		※		※
按探测深度划分	0m<H<30m	※	※						※		※	※	※
	30m<H<100m	※	※					※	※	※			
	100m<H<800m	※	※			※	※			※			
	800m<H<2000m				※	※	※			※			

由于物探技术的特点决定探测准确性不能达到 100%，为了提高探测的准确率，通常采用两种及两种以上物探方法进行综合探测。多种物探手段取长补短，从而消除单一物探方法的多解性，就可以大大提高探测准确性，再结合钻探进行验证，查明工作面出水点的水源及导水通道，为安全生产提供可靠的地质依据，从而确保矿井生产安全。

8.3　异常体多场联合探测技术体系

新形势下，仅靠传统的地质方法，查明矿井地质问题是不可能的。如钻探及巷探是直接观测法，优点是能够直观观测被研究的地质体，结论是明确单一的，缺点是观测经常是不连续的，矿井地质人员通过内插或外推得出的结论有较大误差，甚至导致结论错误。矿井地质情况因勘探研究程度与井巷掘进要求了解地质体尺寸相差甚远，精查阶段钻探网度一般为 500m×500m 左右，而掘进要求了解前方 30～50m 范围地质情况，相差近 10 倍，钻探控制断层落差一般＞20m，而掘进要求断层落差 1～5m，也相差近 10 倍。即使运用当前普遍使用的采区高分辨三维地震勘探方法，也只能解决落差 5m 以上断层，且有 10～20m 的平面摆动误差，要查明落差几米的小断层及其他规模较小的地质异常，仍极其困难。因此，矿井物探工作仍需要加强井下超前探测预报，但准确预报方法是一个技术难点。

因此，综合选用多种物探手段在地面或矿井下开展工作是煤田地球物理勘探工作的首选。尽管所有物探方法其手段都是间接的，存在多解性和不完备性，但采用不同物探方法进行综合探测时，根据同一异常体引起的地震波场、电（磁）场或地温场等物性差异变化，利用同源异场聚焦作用，定性与定量相结合，取长补短，可有效消除单一物探方法的多解性，提高探测精度。针对煤田地质综合物探研究，前人做了大量研究工作。代松等(2017)针对淮南潘三矿地质异常体测区具有大面积塌陷积水和倒塌房屋的干扰等因素制约的特殊场地条件，提出在井下调研、三维地震资料重新分析的基础上采用大深度瞬变电磁法和 SYT 勘探法相结合的综合物探勘测方法。张长明等(2012)将瞬变电磁技术和矿井音频电透视技术结合使用探查阳煤集团五矿 8403 工作面煤层底板岩层的赋水情况。付天光(2014)采用浅层二维地震法和瞬变电磁法对神木县某煤矿采空区分布范围及其积水情况进行综合物探。李宏杰等(2014)运用三维地震勘探和井下瞬变电磁探测法，探讨井上、井下立体综合探测断层和陷落柱等隐蔽地质构造，查明了异常区的位置、分布范围和富水情况。杨振威等(2015)利用并行网络直流电法和地震反射共偏移法探查华北某煤矿西六采区陷落柱发育特征及其赋水性，对陷落柱的电性特征及结构进行研究。肖乐乐等(2015)根据井下巷道现场工作环境,采用矿井三维高密度超前探测技术、矿井瞬变电磁超前探测技术,对掘进巷道前方断层富水带进行综合探测并对比分析。路拓等(2015)采用矿井地震反射波法探测断层的位置和形态,利用矿井瞬变电磁技术确定断层的富水情况,该方法组合兼顾构造位置及富水性的探测,降低其多解性,同时结合钻探技术,实现导(含)水断层的多方法、多参数综合精细探测技术。张德辉等(2015)利用高密度电阻率法结合瞬变电磁法,对弓长岭露天矿采空区进行了精准探测,实现了探测技术的优势集成。袁德铸(2016)采用矿井远距离声波超前探测法和直流电法的综合物探技术,对焦作煤业集团赵固二矿掘进巷道隐伏含水构造进行了超前探测。代凤强(2017)通过地面瞬变电磁法与井下音频电透视技术探查了工作面顶板上方富水异常区的分布范围及相对强弱。郝宇军等(2017)开展采用矿井 TEM 及钻孔激发极化法综合探测采空区水害技术的研究。

虽然,煤田物探手段众多,但尚未有机结合,形成统一的方法体系。在前人工作基础上,结合课题研究成果,形成煤田地质综合探测技术方法如图 8-2 所示。该综合探测技术流程以矿井地质分析为先导,借助先进的探测技术手段、现代计算机建模技术及快速的数据处理技术,得到更为可靠的规律性认识,为探测成果的定性解译提供理论指导。

(1)以矿井地质分析为基础。矿井地质工作特别强调对地质构造的规律性认识和预测,因为构造发生的位置,特别是断裂构造位置通常容易形成导突水通道。

(2)以物探为手段。针对不同目的,选择不同的物探技术手段进行现场数据采集,由深及浅,由粗到细,对掘进前方地质情况快速查明,根据探测结果确定进一步的施工方案。

选择物探方法时,根据探测目标(构造异常或富水性异常)、探测位置(工作面内、顶底板、掘进迎头等)、探测深度(<30m、30~100m、100~800m、>800m)不同,可采用不同的物探方法及其组合方式。例如对于矿井掘进迎头的超前探测,可采用矿井直流电法+矿井瞬变电磁法+矿井多波地震(或者矿井瑞利波法)开展综合探测工作。而针对浅部勘探盲区,可采用探地雷达配合开展工作。

(3)钻探验证。如根据所掌握的地质规律,对物探结果做出既定量又定性的解释,如属正常地质条件,则继续施工;若疑似重大地质灾害隐患(如断层破碎带、空洞、较大范围软岩等),则采用钻探技术验证,以确保巷道安全、快速施工。

(4)方案修正。随着巷道施工的推进,揭露的地质资料将越来越丰富,应随时将新的地质资料纳入基础地质资料数据库,修正对巷道工程穿越的地质体的规律性认识,提高地质探测及灾害预测预报的精度。

以上方法流程基本能够满足煤矿复杂条件下掘进工作面综合探测需要,但也应适当考虑各煤矿矿井地质、水文地质等实际工作程度,各矿井具体的地质、构造、水文情况,以及现场环境条件,从而合理选择物探方法及组合方式。

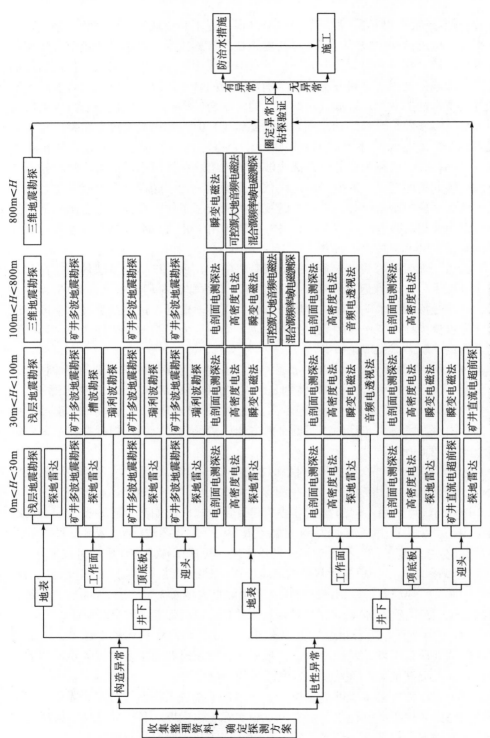

图8-2　煤田综合探测技术系统流程图

8.4 煤田地质多场联合探测技术实践分析

8.4.1 工作面突水注浆效果综合物探检测

8.4.1.1 工作面概况

内蒙古某矿综采工作面第 88#液压支架前端上部出水，瞬间最大涌水量达到 1500m³/h，同时伴有泥沙涌出，此后涌水量呈现波动，水量在 400~719m³/h 之间，轨道顺槽（简称轨顺）涌水量约 100m³/h。根据工作面突水溃沙过程及目前淤积情况，当务之急是对出水点进行治理以防止次生事故的发生。因此，查明出水点周围水文地质状况及注浆后堵水效果至关重要。

该工作面煤层顶板主要有直罗组和白垩系两个富水性较强的含水层。直罗组砂岩含水层距离煤层顶板约 45m，煤层开采后导水裂缝带可能已导通至该含水层。地面 Z1、Z3 两直罗组含水层观测孔自工作面突水后，水位下降明显，钻孔水位历时曲线如图 8-3 所示。对工作面出水点、下车场、轨顺下车场分别作了水质化验，2 个批次 3 个水样的化验结果显示：主要阳离子、阴离子及总溶解性固体指标相似，即为同一水源，并与直罗组含水层水质化验结果相近。通过对 Z1、Z3 钻孔水位变化及工作面突水后的水源化验结果，基本可以判断直罗组砂岩水为本次突水的直接水源。

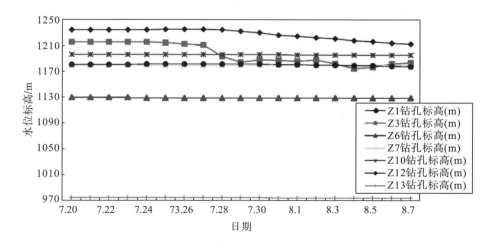

图 8-3 水文观测孔水位变化趋势图

作为直接充水水源的直罗组砂岩含水层为一套河湖相碎屑岩沉积，根据对Z1、Z2、Z3、Z8、Z10 等 5 孔 5 层次抽水试验资料（图 8-3）分析可知，该含水层单位涌水量为 0.0179～0.1456L/(s·m)，渗透系数为 0.0432～0.3440m/d，富水性弱—中等。如果该含水层水通过煤层开采后的导水裂缝带涌入井下，不可能产生瞬时 1500 m³/h 的突水量及大量的泥沙。

根据对该工作面的突水溃沙过程特征，煤层顶板覆岩结构及工作面出水位置无构造发育等条件的分析，初步推断此次突水溃沙机理为顶板离层空间充水后随着周期来压，老顶垮落，覆岩破坏强度和范围扩大而导通离层水，同时顶板砂岩胶结程度差，而形成本次瞬间的突水溃沙，其示意图如图 8-4 所示。

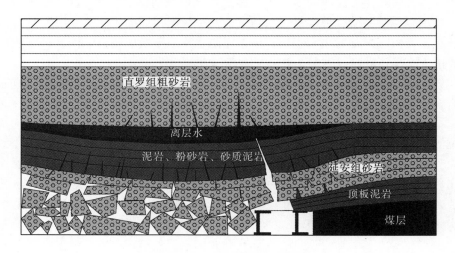

图 8-4　工作面突水溃沙示意图

随后，矿方在地面施工 3 个序次共 9 个注浆孔，并重新运用 TEM67 开展地面瞬变电磁法探测，与前期 GDP32 多功能电法探测及 TVLF 探水雷达探测结果对比分析，以检验注浆堵水效果。

8.4.1.2　突水前 GDP32 多功能电法仪探测成果分析

在工作面开拓前，矿方运用 GDP32 多功能电法仪和 TVLF 探水雷达在全区开展水文地质补勘。其中瞬变电磁探测在全区按 80m×40m 网度布设测线 4 条；40m×20m 网度布设测线 8 条，实际完成物探点 368 个，试验点 8 个，检测点 14 个，全区共完成物理点 382 个（图 8-5）。所有测线经数据反演后，绘制反演电阻率等值线图，并选择突水点附近三条测线分析如下：

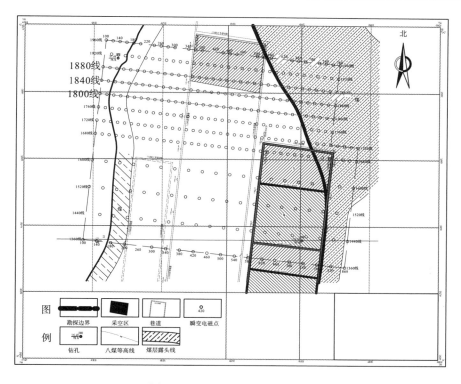

图 8-5　工作面测线测点布置图

1800 剖面位于测区中部，从电性上分析（图 8-6，彩图见附录），该测线在八煤等高线以上存在 2 个异常，编号分别为 1800-1 和 1800-2。1800-1 异常在剖面 120 点至 640 点标高 850m 至 1000m 之间，反演电阻率值为 6～14Ω·m；1800-2 异常位于剖面 680 点至 780 点标高 850m 至 960m 之间，反演电阻率为 13～14Ω·m。两异常电性特征反映为低阻特征，推断为直罗组含水层富水影响。

1840 剖面位于测区中部，从电性上分析（图 8-7），本测线在八煤等高线以上存在 3 个异常，编号分别为 1840-1、1840-2 和 1840-3。1840-1 异常在剖面 400 点至 460 点标高 900m 至 950m 之间，电阻率值为 13～14Ω·m；1840-2 异常位于剖面 480 点至 580 点标高 850m 至 1050m 之间，突水点为该剖面 540 点位置，电阻率值为 6～14Ω·m；1840-3 异常位于剖面 600 点至 720 点标高 870m 至 1000m 之间，电阻率值为 10～14Ω·m。三异常电性特征反映为低阻特征，推断为直罗组含水层富水影响。

1880 剖面位于测区北部，从电性上分析（图 8-8），本测线在八煤等高线以上存在 3 个异常，编号分别为 1880-1、1880-2 和 1880-3。1880-1 异常位于剖面 460 点至 620 点标高 800m 至 950m 之间，视电阻率值为 8～14Ω·m；1880-2 异常位于剖面 640 点至 680 点标高 850m 至 970m 之间，视电阻率值为 13～14Ω·m；

1880-3 异常位于剖面 700 点至 780 点标高 800m 至 970m 之间，视电阻率值为 12～14Ω·m。三异常电性特征反映为低阻特征，推断为直罗组含水层富水影响。

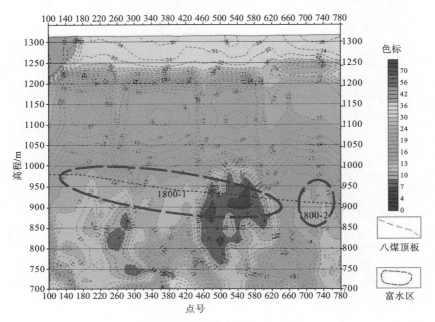

图 8-6　1800 线综合剖面线图

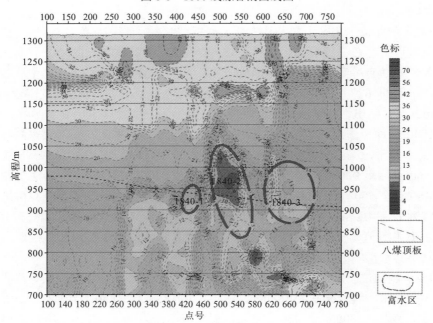

图 8-7　1840 线综合剖面线图

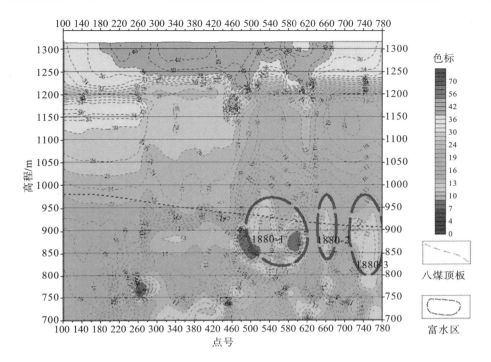

图 8-8　1880 线综合剖面线图

8.4.1.3　突水前 TVLF 探水雷达成果解释

探水雷达测线垂直于工作面走向布设(图 8-9)，测网密度 35m×35m，线号由北到南递增，点号由西到东递增，共布设 49 条测线，每条测线 11 个测点，其中测线 18～22 为 13 个测点。所有测线经数据反演后，绘制电阻率等值线图，并选择突水点附近三条测线分析如下：

测线 4(图 8-10，彩图见附录)的位置与 1800 线位置相当，八煤顶板以上存在两个低阻异常，埋深为 300～380m，推断为直罗组砂岩。测线 5(图 8-11)的位置与 1840 线位置基本相当，八煤顶板以上存在两个低阻异常区，埋深 300～380m，推断为直罗组含水层影响，富水范围较小。测线 6(图 8-12)的位置与 1880 线位置基本相当，八煤顶板以上存在两个低阻异常，埋深为 300～380m，与瞬变电磁探测成果一致，推断为直罗组砂岩，两次探测成果较为一致。

突水点附近三条测线(测线 4、5、6)剖面均显示八煤顶底板出现低阻异常，其顶板低阻异常推断为直罗组砂岩水，底板可能为延安组砂岩水，在局部地段，出现顶底板低阻异常连通的情况。

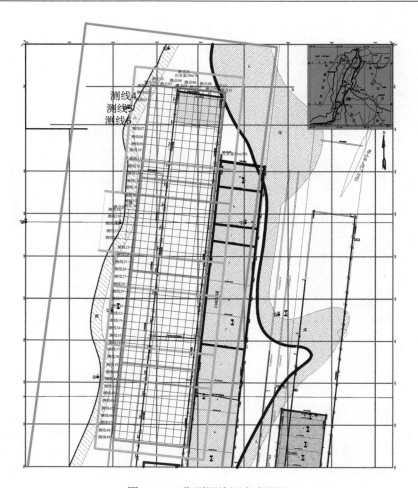

图 8-9   工作面测线测点布置图

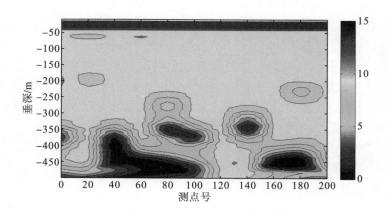

图 8-10   测线 4 探水雷达反演剖面图

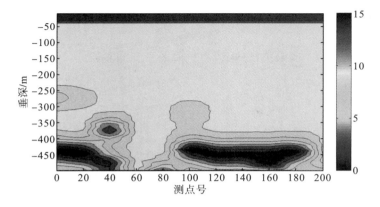

图 8-11　测线 5 探水雷达反演剖面图

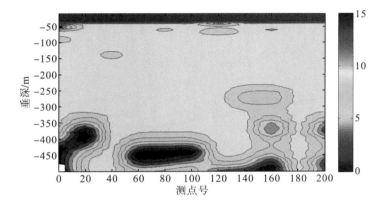

图 8-12　测线 6 探水雷达反演剖面图

8.4.1.4　突水后 TEM67 瞬变电磁探测结果分析

111084 工作面出水点经过注浆堵水后，运用瞬变电磁法围绕突水点布置测线和测点，其中突水点周围 50m 范围内，按 10m×10m 布置测点；突水点 100m×100m 范围内，按 20m×20m 布置测点；其他区域按照 40m×20m 布置测点，选用 TEM67 开展瞬变电磁探测工作，以检验注浆堵水效果(图 8-13)。

出水点经过注浆堵水后，位于突水点附近的三条测线，视电阻率等值线均显示出由高到低再到高的变化趋势，其低阻异常埋深位于 300 至 400 多米，且分布不均匀(图 8-14，彩图见附录)。其中 L10090 测线剖面存在三个明显低阻异常区，其中一个埋深 250m 左右，另外两个埋深为 300～400m，且相互连通；L10100 测线八煤以上存在两个明显低阻异常区；L10110 测线八煤以上存在一个明显低阻异常区，埋深 250～300m，推断为直罗组砂岩富水区。

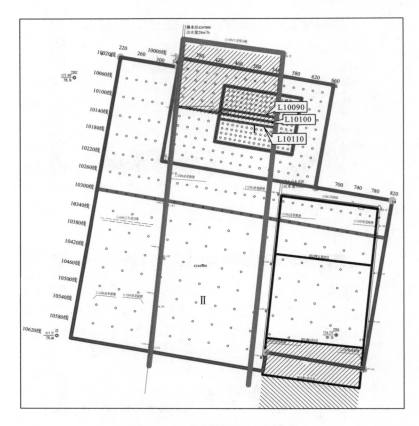

图 8-13　工作面测线测点布置图

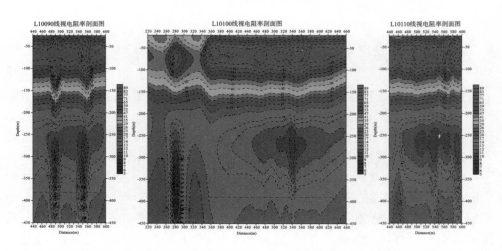

图 8-14　L10090 测线、L10100 测线、L10110 测线视电阻率等值线剖面图

8.4.1.5　突水注浆前后不同深度切片成果综合对比分析

1.GDP32 瞬变电磁探测不同深度切片成果分析

测区影响八煤开采的主要含水层是侏罗系直罗组含水层，其次是白垩系含水层。直罗组含水层隐伏于白垩系志丹群之下，含水层厚度 4.40～130.51m，平均41.20m。白垩系含水层组在井田区没有出露，隐伏于新生界松散层之下，层位较为稳定、连续，其底板埋深 189.17～287.70m。根据已知资料结合本次地质任务，为了说明突水点水源与各个含水层之间的连通关系，一共切了三个平面图，其中以八煤顶板等高线为基准顺层切片图有 3 层，编号为八 MS10、八 MS30 和八 MS60，分析如下：

（1）八 MS10 平面图每个测点的标高数据根据八煤顶板等高线数据加上 10m计算得出（以下顺层切片同理），侏罗系直罗组含水层是八煤直接充水含水层，岩性以砂岩为主，电性特征呈中偏低阻反应。根据已知水文资料，该含水层富水性为中等，结合剖面解释的异常范围，该平面中虚线圈出区域表现为本次瞬变电磁法视电阻率呈低阻反应区域，视电阻率值普遍低于 14Ω·m，推断为低阻异常区（图 8-15，彩图见附录），共圈出 4 个异常区，分别为八 MS10-1、八 MS10-2、八 MS10-3、八 MS10-4。

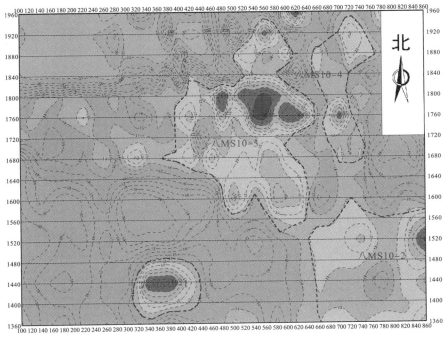

图 8-15　八 MS10 顺层切片富水区分布示意图

　　MS10-1 位于勘探区的南部，本次瞬变电磁由 1360 线至 1440 线 2 条测线控制，控制面积为 11 795m²，解释为直罗组含水层富水区，控制程度较差。MS10-2位于勘探区的东南部，该范围在已知老窑 111082 采空区之内，本次瞬变电磁由 1360 线至 1520 线 3 条测线控制，控制面积为 43 582m²，解释为直罗组含水层富水和老窑积水区共同反应的电性异常区，控制程度较差。MS10-3 位于勘探区的中东部，包括突水点在内，本次瞬变电磁由 1600 线至 1920 线 8 条测线控制，控制面积为 62 076m²；井下有大量的电缆和推煤机器可能对数据造成一定的影响，根据已知突水点的水质分析，该处含水层存在一定的富水区域，解释为直罗组含水层富水区，控制程度较可靠。MS10-4 位于勘探区的东北部，本次瞬变电磁由 1680 线至 1920 线 8 条测线控制，控制面积为 17 286m²，解释为直罗组含水层富水区，控制程度较差。

　　(2) 八 MS30 平面也属于侏罗系直罗组含水层，岩性以砂岩为主，电性特征呈中偏低阻反应。该平面中虚线圈出区域表现为本次瞬变电磁法视电阻率呈低阻反应区域，视电阻率值普遍低于 14Ω·m，推断为低阻异常区(图 8-16)，共圈出 3个异常区，分别为八 MS30-1、八 MS30-2、八 MS30-3。

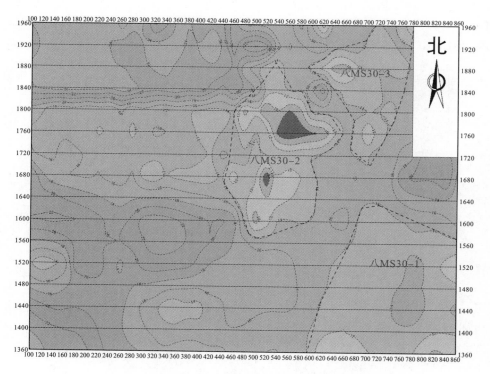

图 8-16　八 MS30 顺层切片富水区分布示意图

八 MS30-1 位于勘探区东南部,该范围在已知老窑 111082 采空区之内,本次瞬变电磁由 1360 线至 1600 线 4 条测线控制,控制面积为 55 034m^2,解释为直罗组含水层富水异常区,控制程度较差。八 MS30-2 位于勘探区中部,包括突水点在内,本次瞬变电磁由 1600 线至 1880 线 7 条测线控制,控制面积为 40 245m^2,解释为直罗组含水层富水异常区,控制程度较可靠。八 MS30-3 位于勘探区的东北部,本次瞬变电磁由 1720 线至 1960 线 7 条测线控制,控制面积为 24 760m^2,解释为直罗组含水层富水区,控制程度较差。

(3) 八 MS60 平面含水层属于侏罗系延安组含水层,是八煤的间接含水层,其岩性主要为砂岩,电性特征呈中偏低阻反应。该平面中虚线圈出区域表现为本次瞬变电磁法视电阻率呈低阻反应区域,视电阻率值普遍低于 14Ω·m,推断为低阻异常区(图 8-17),共圈出 3 个异常区,分别为八 MS60-1、八 MS60-2、八MS60-3。

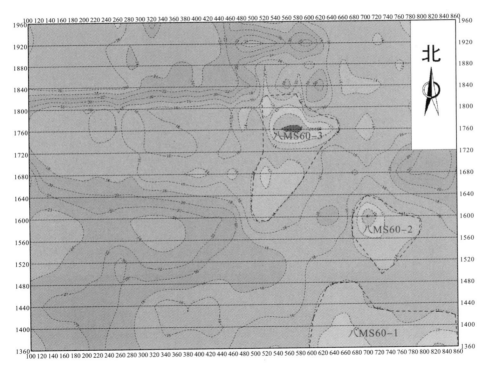

图 8-17　八 MS60 顺层切片富水区分布示意图

八 MS60-1 位于测区东南部,本次瞬变电磁由 1360 线至 1440 线 2 条测线控制,控制面积为 20 944m^2,解释为延安组含水层富水异常区,控制程度较差。

八 MS60-2 位于测区东部，本次瞬变电磁由 1520 线至 1600 线 2 条测线控制，控制面积为 10 478m²，解释为延安组含水层富水异常区，控制程度较差。八 MS60-3 位于测区中部，包括突水点的位置，本次瞬变电磁由 1600 线至 1800 线 5 条测线控制，控制面积为 10 478m²，解释为延安组含水层富水异常区，控制程度较可靠。

2.TVLF 探水雷达不同深度切片成果分析

经数据处理分析，得到 340～400m 深的电性等值线图，基本反映了勘探区的电性特征。由图 8-18(彩图见附录)～图 8-20 可以判断勘探区中部富水可能性较小；勘探区南部电性值较低，富水可能性较高；北部(特别是 111084 轨道顺槽及 111084 工作面采空区中部)电性值较低的部位面积较小，推测可能赋存有一定水体。

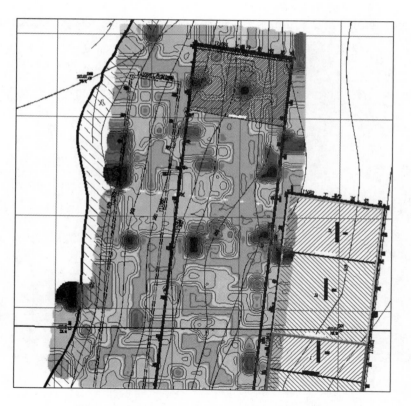

图 8-18　探深 350m 探水雷达(煤上 30m)平面图

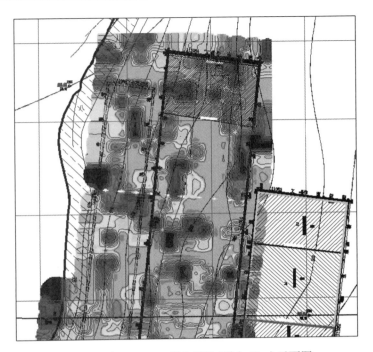

图 8-19　探深 375m 探水雷达(煤上 10m)平面图

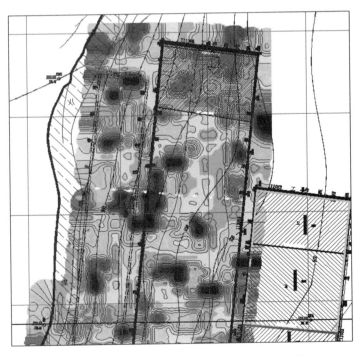

图 8-20　探深 400m 探水雷达(煤下 10m)平面图

3.TEM67 瞬变电磁探测不同深度切片成果分析

本次共切制-220m（白垩系砾岩）、-300m（直罗组砂岩）、-325m（直罗组砂岩底部）、-340m、-350m、-380m（八煤层）、-400m 共 7 个深度的水平切片（图 8-21～图 8-28）。

-220m 水平切片图显示低阻异常区主要位于 111082 采空区内部及 111084 采空区轨道顺槽。-300m 水平切片图（直罗组砂岩位置）显示低阻异常区主要位于 111082 采空区内部、111084 采空区轨道顺槽、111084 工作面中南部，富水性及富水范围扩大。-325m 水平切片图（直罗组砂岩底部）显示低阻异常区主要位于 111082 采空区内部、111084 采空区轨道顺槽、111084 工作面中南部，富水性及富水范围保持稳定。-340m 水平切片图显示低阻异常区主要位于 111082 采空区内部、111084 采空区轨道顺槽、111084 工作面中南部，富水性及富水范围逐渐缩小。-350m 水平切片图显示低阻异常区主要位于 111082 采空区内部、111084 采空区轨道顺槽、111084 工作面中南部，富水性及富水范围逐渐缩小。-380m 水平切片图显示低阻异常区主要位于 111082 采空区内部、111084 工作面中南部，富水性及富水范围进一步缩小，突水点附近几乎无低阻异常反应。-400m 水平切片图显示低阻异常区主要位于 111082 采空区切眼内、111084 工作面，富水性和富水范围大大缩小，突水点附近几乎无低阻异常反应。

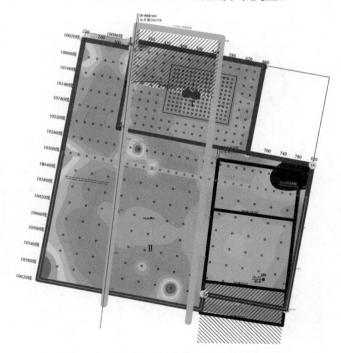

图 8-21　-220m 水平切片图（白垩系砾岩）

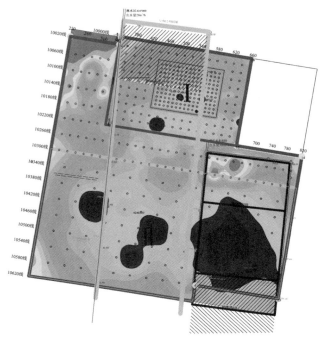

图 8-22　-300m 水平切片图(直罗组砂岩)

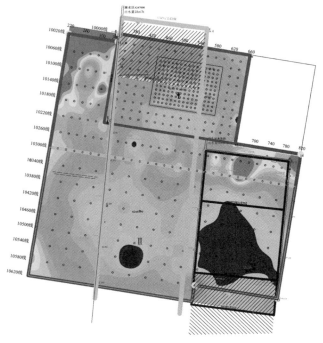

图 8-23　-325m 水平切片图(直罗组砂岩底部)

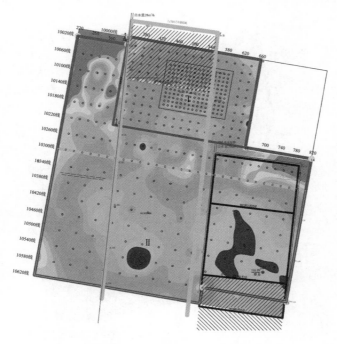

图 8-24 -340m 水平切片图

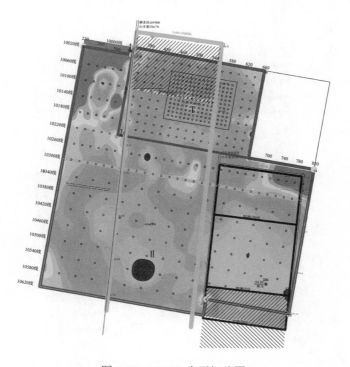

图 8-25 -350m 水平切片图

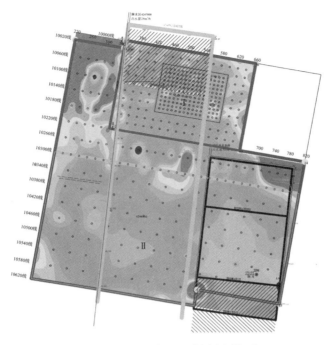

图 8-26　−380m 水平切片图（八煤层）

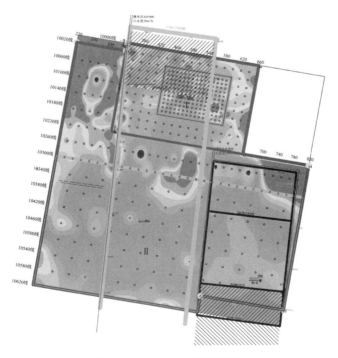

图 8-27　−400m 水平切片图

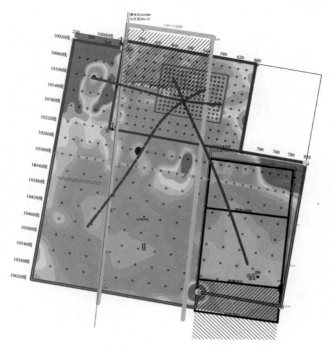

图 8-28　水力联系示意图

　　由不同深度水平切面视电阻率等值线图可知：111084 工作面轨道顺槽工作区内比皮带顺槽电阻率要低，巷道顺槽南部比北部电阻率要低，说明巷道内的积水向轨道顺槽和巷道南部地势低的区域汇集。在工作面突水点附近，虽然仍然存在低阻异常反应，但低阻异常区并未大面积出现，推测无明显补给来源或补给通道被堵住，注浆起到明显的效果；在 111084 采空区范围内，存在零星的低阻异常反应，呈串珠状，虽然分布范围不大，但一段时间后是新产生的富水区，值得注意；在 111084 工作面南部，存在明显的低阻异常分布，存在富水的可能性，需要进行提前探放水试验；测区东南部低阻异常明显，且与 111082 工作面高度吻合，推测为 111082 工作面的采空区积水，若不带压对 111084 工作面影响不太大，但也需要及时抽排水。通过对低阻异常的宏观分析，研究区范围内基本存在三个方向的水力通道(图 8-28)，即东西方向、北东-南西方向和来自 111082 采空区方向，在后期回采过程中，应注意防范。

8.4.2　回采工作面底板富水性综合探测

　　张集矿某工作面为 A 组煤西三采区工作面，工作面走向长 1780m，倾向长200.3m，煤厚 5.4～8.8m，平均煤厚 7.1m。工作面掘进期间，在断层带及裂隙带出现多处淋水现象。工作面底板法距 20m 发育太原组灰岩含水层，在断层带及裂隙发育处，可能沟通灰岩含水层，导致底板灰岩水大量涌出，威胁工作面生产。利用工作面两顺槽、底抽巷和-566m 疏水巷开展综合物探工程，查明和圈定工作面煤层底板以下 50m 范围的低阻异常区及富水区，为指导工作面防治水工作提供基础和依据。

8.4.2.1　矿井瞬变电磁法探测分析

在工作面轨道顺槽及运输顺槽布置瞬变电磁法测线，在工作面底抽巷、-565m 疏水巷布置瞬变电磁法测线，采用 ProTEM 瞬变电磁仪，对工作面底板不同方向进行探测，瞬变电磁探测点距 10m。获取工作面底抽巷、-565m 疏水巷两侧电阻率特征，圈定相对低阻区。

1.工作面轨道顺槽、运输顺槽探测结果分析

经 BETEM 软件反演处理后，绘制工作面不同方向电阻率等值线图。视电阻率大小以不同颜色表示，低视电阻率用蓝、绿等冷色调表示，高视电阻率以红、黄等暖色调表示。其中，不同部位视电阻率差异较大，最小视电阻率小于 1 欧姆米，最大达几百欧姆米，并以视电阻率平均值-均方差/3 作为异常区划分阈值。

工作面轨道顺槽、运输顺槽探测结果综合分析表明(图 8-29，彩图见附录)：轨道顺槽、运输顺槽异常区共 6 处。其中，轨道顺槽：异常一位于断层F1616A80 处，距切眼 210~240m 处；异常二位于断层 F1616A78 处，距切眼260~350m 处；异常三位于断层 Fs619 处，距切眼 1350m 处。运输顺槽：异常一位于切眼处，距切眼 50m；异常二位于断层 F1616A78 处，距切眼 300~400m处；异常三位于断层 Fs623 处，距切眼 1400m 处。

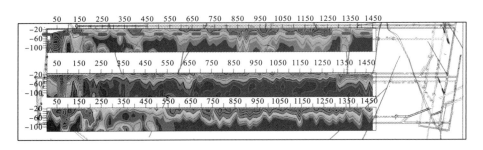

图 8-29　工作面轨道顺槽、运输顺槽与巷道底板垂直方向视电阻率等值线图

2.工作面底抽巷、-565m 疏水巷探测结果分析

经 BETEM 软件反演处理后，绘制工作面不同方向电阻率等值线图。视电阻率大小以不同颜色表示，低视电阻率用蓝、绿等冷色调表示，高视电阻率以红、

黄等暖色调表示。其中，不同部位视电阻率差异较大，最小视电阻率小于 1 欧姆米，最大达几百欧姆米，并以视电阻率平均值-均方差/3 作为异常区划分阈值。某底抽巷、-565m 疏水巷探测结果综合分析表明(图 8-30，彩图见附录)：某疏水巷三个方向无低阻异常反应；某底抽巷异常区共 3 处，异常一位于断层F1612A76，距切眼 550m 处；异常二位于断层 F1612A31，距切眼 800～860m处；异常三位于断层 F1613A77 处，距切眼 1300～1400m 处。

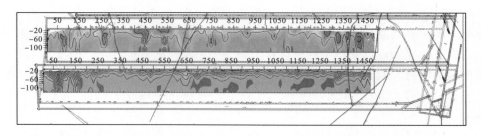

图 8-30　工作面底抽巷、-565m 疏水巷水平方向视电阻率等值线图

3.工作面底板不同深度结果分析

根据瞬变电磁在不同巷道、不同方向探测的结果，运用三维反演及成图软件，绘制某工作面底板-18m、-20m、-30m、-40m 不同深度切片视电阻率等值线图(图 8-31，彩图见附录)。由于瞬变电磁法在浅部存在勘探盲区，所以最浅切片

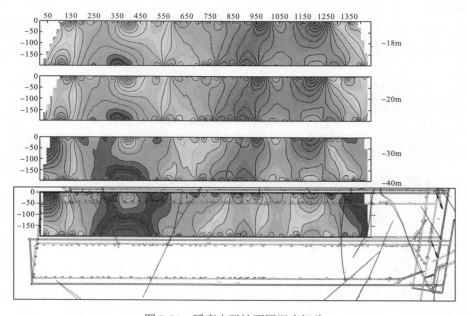

图 8-31　瞬变电磁法不同深度切片

深度为-18m。视电阻大小以不同颜色表示，低视电阻率用蓝、绿等冷色调表示，高视电阻率以红、黄等暖色调表示，并以视电阻率的平均值-均方差/3 作为异常区划分阈值。

8.4.2.2　矿井直流电法探测分析

现场工作数据采集工作根据矿上进度安排，一次完成。在某工作面轨道顺槽及运输顺槽布置电法测线，采用矿井直流电法仪，电极距 5m，采用 64 道并行电法仪进行数据采集，测点距 5m，每个测站控制测线长 315m，站与站间测线重叠 16～20 个电极不等，双巷测线共 3015m。

工作面两条顺槽完成直流电法数据采集后，通过系列处理获得了工区范围内相应成果剖面。视电阻率大小以不同颜色表示，低视电阻率用蓝、绿等冷色调表示，高视电阻率以红、黄等暖色调表示。其中，不同部位视电阻率差异较大，最小视电阻率小于 1 欧姆米，最大达几百欧姆米，并以视电阻率平均值-均方差/3 作为异常区划分阈值。结合地质资料对电法探测资料展开解释分析如下(图 8-32，彩图见附录)：

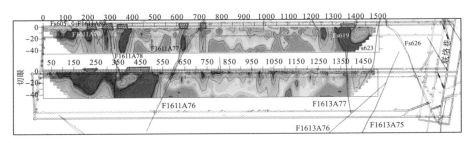

图 8-32　运输顺槽、轨道顺槽视电阻率等值线图

(1)工作面顺槽、运输顺槽异常区共 8 处，其中轨道顺槽 6 处，运输顺槽 2 处。

(2)轨道顺槽：异常一位于断层 F1611A80 处，距切眼 210～240m 处；异常二位于断层 F1611A78 处，距切眼 260～350m 处；异常三距切眼 340～360m 处；异常四位于断层 F1611A77 处，距切眼 610～650m 处；异常五位于断层 F1611A76 处，距切眼 700～720m 处；异常六位于断层 Fs619 旁侧，距切眼 1350～1400m 处。

(3)运输顺槽：异常七距切眼 200～250m 处；异常八距切眼 350～450m 处。

根据不同巷道探测结果，运用三维软件，绘制工作面底板-10m、-20m、-30m、-40m 不同深度切片视电阻率等值线图(图 8-33，彩图见附录)。视电阻率大小以不同颜色表示，低视电阻率用蓝、绿等冷色调表示，高视电阻率以红、黄等暖色调表示，并以视电阻率平均值-均方差/3 作为异常区划分阈值。

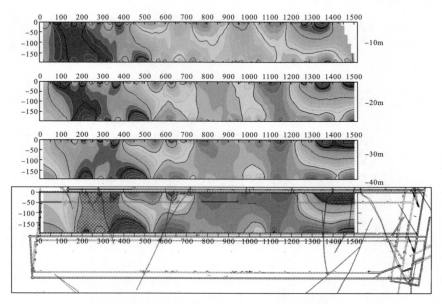

图 8-33　－10m、－20m、－30m、－40m 不同深度切片

8.4.2.3　矿井无线电波透视 CT 探测分析

1.无线电波透视实测场强结果分析

实测场强曲线图横坐标为接收点号，纵坐标为实测场强值（图 8-34）。实测场强交会成像图（图 8-35，彩图见附录）上蓝色调区越深表明其场强值越小，即该段煤层无线电波穿透能力低，综合分析可知：

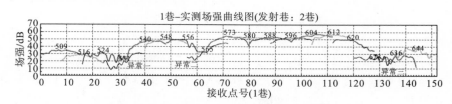

(a) 轨道顺槽发射运输顺槽接收场强曲线图

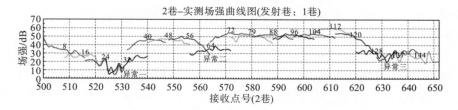

(b) 运输顺槽发射轨道顺槽接收场强曲线图

图 8-34　无线电波透视实测场强曲线图

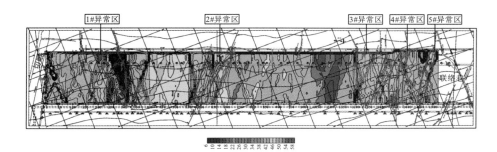

图 8-35   无线电波透视实测场强分布图

（1）轨道顺槽发射运输顺槽接收场强曲线显示三处异常：异常一距切眼260～320m 处，为断层 F1611A78、F1611A79、F1611A80 所在位置；异常二位于 600～650m 处，为断层 F1611A76、F1611A77 所在位置；异常三位于 1300～1360m 处，为断层 Fs619、F1613A77 所在位置。

（2）运输顺槽发射轨道顺槽接收场强曲线图显示三处异常：异常一位于525～530m 处；异常二位于 564～566m 处；异常三位于 630～650m 处。

（3）轨道顺槽、运输顺槽场强曲线图异常位置基本对应。

2.无线电波透视吸收系数图分析

CT 成像图为煤岩层电磁波吸收系数值图（图 8-36，彩图见附录），数据值大小用不同色标值表示，其中蓝色调为高电磁波吸收系数值，红色调为低电磁波吸收系数值。根据高吸收系数，共圈定 5 个透视异常区。

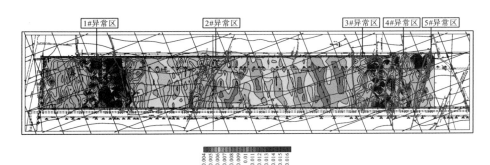

图 8-36   无线电波透视吸收系数 CT 成像图

异常一位于 F1611A78、F1611A79、F1611A80 所在位置，基本包含此三条断层；异常二位于断层 F1611A76、F1611A77 所在位置；异常三位于断层Fs619、F1613A77 所在位置。

3.综合分析

根据实测场强曲线值变化特征和岩石吸收系数 CT 成像图并结合地质资料综合分析，得出探测区内的地质解释，圈定 5 个透视异常区(图 8-37)：

(1)1#异常区：轨道顺槽和运输顺槽揭露多条断层，实测场强图显示该区域低值异常，吸收系数图显示该区域高值异常，接收场强值和各自巷道接收场强值对比明显衰减且数值较低。

(2)2#异常区：实测场强图显示该区域较低值异常，吸收系数图显示该区域较高值异常，轨道顺槽和运输顺槽揭露多条断层。

(3)3#异常区：轨道顺槽和运输顺槽揭露 Fs619 断层，实测场强图显示该区域较低值异常，吸收系数图显示该区域较高值异常。

(4)4#异常区：轨道顺槽和运输顺槽揭露 Fs623 断层，实测场强图显示该区域较低值异常，吸收系数图显示该区域较高值异常。

(5)5#异常区：轨道顺槽和运输顺槽揭露 Fs626 断层，实测场强图显示该区域较低值异常，吸收系数图显示该区域较高值异常。

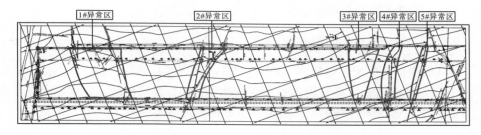

图 8-37　无线电波透视 CT 成像资料解释图

8.4.2.4　井下槽波勘探结果分析

1.槽波勘探成果分析

依据槽波能量 CT 图，工作面共划定 9 处异常区(图 8-38)：异常区 1、2、3 位于工作面切眼附近，表明煤层异常或存在一定规模的构造；异常区 4、5 位于工作面中部，该区域槽波能量较弱，巷道未揭露构造；异常区 6、7、8、9 位于工作面收作线附近，轨道顺槽和运输顺槽均揭露大量断层。

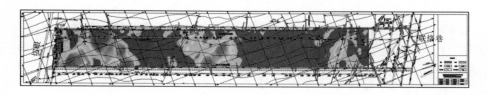

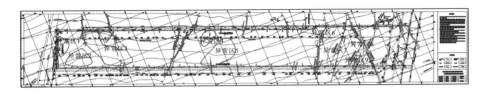

图 8-38　某工作面槽波勘探结果分析

2.滑行波勘探成果分析

依据工作面运输顺槽和轨道顺槽滑行波勘探结果，依据滑行波能量 CT 图（图 8-39），某工作面共划定 6 处异常区。异常区 1、2、3 位于工作面切眼附近，该区域滑行波能量较弱，轨道顺槽和运输顺槽均揭露大量断层；异常区 4 位于工作面中部，该区域槽波和滑行波能量均较弱，但巷道掘进过程中未揭露断层；异常区 5、6 位于工作面 Fs619、Fs623 断层附近，且形态与断层的走向一致，推测为断层断裂带引起的异常。

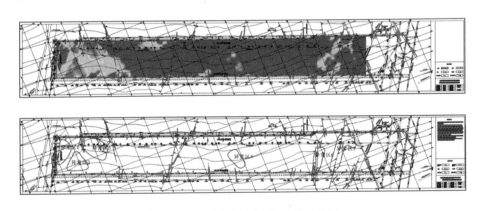

图 8-39　工作面滑行波勘探结果分析

8.4.2.5　综合解释与分析

对瞬变电磁法、直流电法、无线电波透视法、槽波勘探法等不同方法划分的异常区叠加（图 8-40，彩图见附录）如下。

异常区叠加示意图分析表明：

（1）四种方法均有异常反应的位置位于距切眼 150～350m、1300～1500m 收作线范围内，此范围为巷道和钻孔揭露断层发育部位。

（2）两种或两种以上方法异常区重合位置位于距离切眼 600～700m 范围内，靠近轨道顺槽一侧，为 F1611A76、F1611A77 断层发育部位。

（3）其他异常区为单一物探方法解释的异常区。

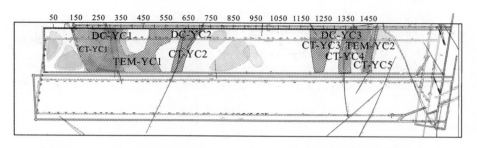

图 8-40　瞬变电磁法、直流电法、无线电波透视法、槽波勘探法异常区叠加示意图

针对以上四种方法解释结果，结合钻孔实际资料，对工作面富水异常区进行综合分析，分析依据以下几个方面的原则进行：

（1）槽波、滑行波对构造异常、煤层厚薄变化比较敏感，对富水异常不敏感，其解释异常区可作为富水异常区间接反应。

（2）坑透对构造异常和富水性异常均敏感，其解释异常区可作为富水异常区划分依据，但不能区分究竟是构造引起的异常还是富水性引起的异常，尤其当构造异常和富水性异常复合时，更加难以区分是何种因素引起的异常。

（3）瞬变电磁法和直流电法对低阻异常区反应敏感，对构造异常反应较弱，可作为富水性异常区划分的主要依据。

（4）矿方在-565m 疏水巷掘进过程中，向底板施工探水孔，终孔深度均在 CⅢ3 灰岩，钻孔均无富水性异常反应。

（5）矿方在-600m 疏水巷施工 17 个长钻孔（图 8-41），全部贯通 CⅢ3 灰岩，钻孔均无富水性异常反应。

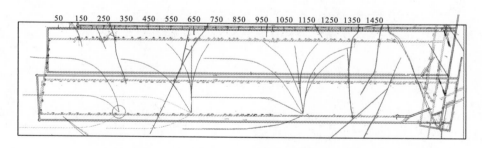

图 8-41　-600m 疏水巷施工长钻孔迹线图

（6）矿方根据切眼实际揭露情况，以及工作面下部-565m 底板疏水巷向上方施工的穿层钻孔揭露的实际煤厚情况，圈出煤层变薄区（图 8-42）。

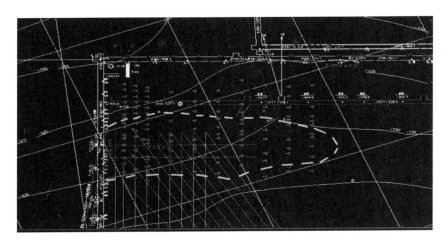

图 8-42　实际揭露煤层变薄区范围

(7) 矿方井下沿顺槽施工的顺煤层的钻孔几乎无见岩，底板巷的穿层钻孔煤厚稍微有所变薄 (图 8-43)。

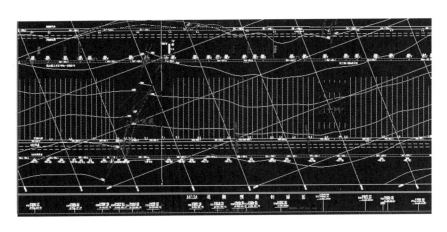

图 8-43　沿顺槽施工的顺煤层钻孔轨迹及变薄区范围

在此基础上，对综合异常区进行综合分析和划分，共圈定三处相对低阻区，为相对富水区 (图 8-44)，其富水性 YC-1>YC-3>YC-2。

YC-1 分布范围最广，基本涵盖 F1611A78、F1611A79、F1611A80 断层，其在轨道运输巷异常可能与 YC-2 连通；YC-2 位于某工作面轨道顺槽，涵盖 F1611A76、F1611A77 断层，异常区范围较小；YC-3 距切眼 1200～1500m，在某工作面轨道顺槽，涵盖 Fs619 断层，异常区范围介于 YC-1 和 YC-2 之间。

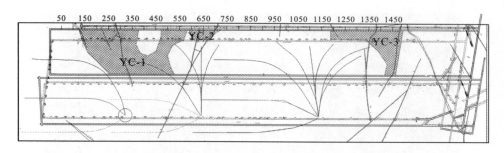

图 8-44　综合异常区解释图

8.4.3　掘进工作面多场联合探测实例分析

山西某矿巷道掘进至 388m 处，为查明迎头前方 100m 范围内富水性及 60m 范围内构造情况，选用矿井地震波法、矿井瞬变电磁法、矿井直流电法，在掘进迎头开展综合超前探测。巷道揭露的地质情况见表 8-3。

表 8-3　煤层及顶底板一览表

煤层情况	煤厚	4.2m	煤层结构	较复杂	煤层倾角/(°)	8～10
煤层顶底板情况	老顶	K2 石灰岩或泥岩	厚度 8.33m	灰色厚层灰岩、含煤不结核条带及生物碎屑		
	直接顶					
	直接底	泥岩、砂质泥岩	厚度 2.98m	灰黑色砂岩、砂质泥岩、泥岩，深灰色铝土质泥岩		

8.4.3.1　矿井瞬变电磁法超前探测分析

矿井瞬变电磁法在掘进迎头断面沿水平和垂直两个方向开展探测，两条测线十字交叉布置。每条测线中发射框、接收框同步由-180°向 180°偏转，每偏转15°获得一个测点数据，每条测线共 13 个测点。图 8-45、图 8-46 分别为水平方向和垂直方向视电阻率等值线拟断面图，其有效探测距离为 100m，浅部存在25m 左右的盲区。

从水平方向探测结果分析，显示三处明显低阻异常区(图 8-45)，低阻异常 1距迎头大于 60m，低阻异常 2 距迎头大于 70m，低阻异常 3 距迎头大于 75m。垂直方向探测结果同样显示三处低阻异常区，但分布范围和规模较小。结合水平方向和垂直方向探测结果分析，距巷道迎头正前方 80m 处，均显示低阻异常反应，结合地质资料及现场施工环境分析，推测为富水性空洞。

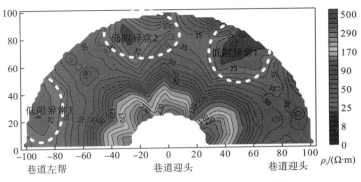

图 8-45　水平方向探测视电阻率拟断面图

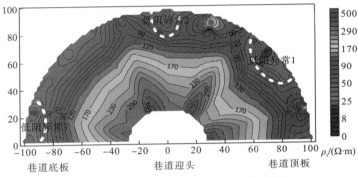

图 8-46　垂直方向探测视电阻率拟断面图

8.4.3.2　矿井直流电法超前探测分析

本次矿井直流电法设计供电电极 A1、A2、A3 间距为 4m，测量电极 M、N 间距为 4m，供电电极 A1 距掘进迎头约 14m，测量电极 M、N 依次移动 30 次，每组 M、N 测量电极对应 A1、A2、A3 三个供电电极，共计 90 个测点数据。图 8-47 为直流电法超前探测剖面图，有效探测深度 100m，横坐标表示距离掘进迎头深度。由图 8-47 分析，距离掘进迎头 100m 范围内，存在两处低阻异常显示。低阻异常 1、低阻异常 2 分别位于掘进迎头前方约 28m 和 85m 处，结合地质资料及现场施工环境分析，推断为富水性裂隙。

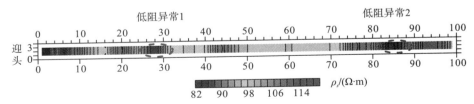

图 8-47　矿井直流电法超前探测剖面图

8.4.3.3　矿井地震波法超前探测分析

采用锤击震源，为尽可能使地震波能量传播至巷道前方，将观测系统布置于巷道迎头，在迎头断面采用单点自激自收反射波法，以小偏移距进行数据采集。图 8-48 为掘进迎头超前地震波法解译剖面，图中横坐标表示探测距离，纵坐标表示振幅大小，有效探测距离 60m。由图 8-48 可知，距离掘进迎头 32～40m 处，出现明显的异常反射波，推断为构造异常区。

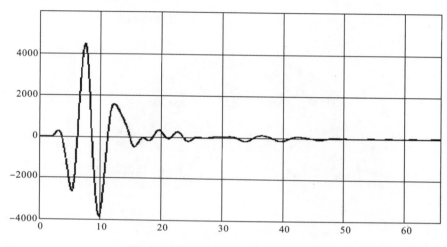

图 8-48　单点反射波法地震解译剖面

8.4.3.4　综合验证分析

经矿方探放水施工验证，分别于掘进迎头前方 26m 和 82m 处揭露两处构造裂隙带，最大涌水量约 5m³/h 和 16m³/h。综合分析可知，矿井地震波法对构造异常反应灵敏，但由于多采用锤击震源，能量有限，探测深度受到一定限制。瞬变电磁法对低阻异常反应敏感，能对掘进迎头前方 180° 范围内进行扇形扫描，有效探测深度达到 100m，但受自身方法所限，浅部存在 20m 左右的勘探盲区。矿井直流电法能对掘进迎头前方 100m 范围内低阻异常进行有效探测，但亦受方法所限，仅能对迎头正前方进行探测，且视域较窄，对其他方向的异常探测无能为力。由此可见，充分发挥三种超前物探方法的优点，优势互补，可取得较好的勘探效果。

参 考 文 献

白登海. 2001. 瞬变电磁法中两种关断电流对响应函数的影响及其应对策略[J]. 地震地质, 23(2): 245-251.

白登海, Meju M. 2001. 瞬变电磁法中两种关断电流对响应函数的影响及其应对策略[J]. 地震地质, 23(2): 245-251.

白登海, Meju M A, 卢健, 等. 2003. 时间域瞬变电磁法中心方式全程视电阻率的数值计算[J]. 地球物理学报, 46(5): 697-704.

蔡中超, 张振坤, 胡斌, 等. 2015. 瞬变电磁法发射机装置及参数对关断时间的影响研究[J]. 科技广场, (2): 70-74

曹志勇, 王伟, 杨德义, 等. 2008. 煤田陷落柱波场模拟与分析[J]. 太原理工大学学报, 39(S): 247-250.

曾凡盛, 王兴春, 陈同俊. 2013. 谱分解和 C3 相干联合识别煤层小断层研究[J]. 地球物理学进展, 28(1): 462-467.

常江浩, 于景邨, 蒋宗霖. 2014. 煤矿老空水瞬变电磁响应特征数值模拟[J]. 矿业安全与环保, 41(3): 4-8.

常锁亮, 张淑婷, 李贵山, 等. 2002. 多道瞬态瑞雷波法在探测煤矿采空区中的应用[J]. 中国煤田地质, 14(3): 70-72.

陈利, 水春, 陈斌. 2007. 瞬变电磁技术在煤矿井下的应用[J]. 煤炭技术, 26(5): 106-108

陈琦. 2014. 巷道瞬变电磁法三维正演研究[D]. 北京: 中国地质大学.

陈同俊, 王新, 崔若飞, 等. 2012. 煤层岩浆岩侵入区的交会图定量预测技术——以卧龙湖煤矿为例[J]. 煤炭学报, 37(12): 2070-2075.

程久龙, 胡克峰, 王玉和, 等. 2004. 探地雷达探测地下采空区的研究[J]. 岩土力学, 25(S): 79-82.

程久龙, 李文, 王玉和. 2008. 工作面内隐伏含水体电法探测的实验研究[J]. 煤炭学报, 33(1): 59-62.

代凤强. 2017. 突水工作面井上下综合探测技术与应用[J]. 煤炭技术, 36(6): 201-203.

代松, 李文平, 陈维池. 2017. 煤田地质异常体综合探测技术应用[J]. 煤炭技术, 36(2): 96-99.

代长青, 宣以琼, 杨本水. 2007. 含水松散层下风氧化带内煤层安全开采技术[J]. 煤炭科学技术, 35(7): 22-25.

邓帅奇, 岳建华, 刘志新, 等. 2012. 高密度电阻率法在基岩勘察中的应用[J]. 煤田地质与勘探, 40(2): 78-81.

底青云, Martyn, Unsworth, 等. 2006. 2.5 维有限元法 CSAMT 数值反演[J]. 石油地球物理勘探, 41(1): 100-106.

底青云, 王妙月. 1998. 稳定电流场有限元法模拟研究[J]. 地球物理学报, 41(2): 252-260.

董健, 翟培合, 陈磊, 等. 2012. 电法超前探技术探讨与应用[J]. 科学技术与工程, 12(16): 3944-3946.

董守华, 马彦良, 周明. 2004. 煤层厚度与振幅、频率地震属性的正演模拟[J]. 中国矿业大学学报, 33(1): 29-32.

段建华. 2009. 综合物探技术在矿井防治水中的应用[J]. 平北科技学院学报, 6(4): 60-65.

范涛. 2012. 煤田电法勘探中的 TEM 地形校正方法[J]. 物探与化探, 36(2): 246-249.

方程. 2015. 综合物探技术在煤炭矿井水文地质中的应用研究[D]. 成都: 成都理工大学.

方文藻, 李予国, 李琳. 1993. 瞬变电磁测深法原理[M]. 西安: 西北工业大学出版社.

付茂如, 张平松, 王大设, 等. 2013. 矿井工作面底板水害综合探查技术研究[J]. 矿业安全与环保, 40(2): 92-95.

付天光. 2014. 综合物探方法探测煤矿采空区及积水区技术研究[J]. 煤炭科学技术, 42(8): 90-94.

付志红, 余慈拱, 侯兴哲, 等. 2014. 瞬变电磁法视电阻率成像的接地网断点诊断方法[J]. 电工技术学报, 29(9):

253-259.

付志红, 赵俊丽, 周雒维, 等. 2008. WTEM 高速关断瞬变电磁探测系统[J]. 仪器仪表学报, 29(5): 933-937.

高勇. 2003. 综合物探方法在确定矿山采空区中的应用[J]. 吉林地质, 22(2): 45-49.

高致宏, 王信文, 何继宾, 等. 2006. 电法超前探测技术与矿井含水构造精细探测[J]. 煤矿安全, 37(9): 29-31.

高致宏, 闫述, 王秀臣. 2006. 巷道超前(电法)探测的应用现状与存在的问题[J]. 煤炭技术, 25(5): 120-121

龚飞, 底青云. 2004. 某煤矿典型 CSAMT 法视电阻率曲线的一维模拟[J]. 地球物理学进展, 19(3): 631-634.

龚术, 全朝红, 陈程. 2010. 探地雷达在采空区探测中的应用[J]. 西部探矿工程, (8): 167-169.

顾汉明, 王纬, 陈国俊. 2001. 复杂介质中地震多次反射波快速正演模拟[J]. 地球科学(中国地质大学学报), 26(5): 541-544.

郭崇光, 田卫东. 2003. 瞬变电磁法在山西采空区探测中的应用[J]. 山西煤炭, 13(1): 25-32.

郭恩惠, 刘玉忠, 赵炯, 等. 1997. 综合物探探测煤矿采空塌陷区[J]. 煤田地质与勘探, (5): 8-10.

郭文峰, 曹志勇, 卫红学, 等. 2015. 塌陷采空区的正演模拟及波场分析[J]. 地球物理学进展, 30(2): 0847-0852.

郭小兵, 米文川, 岳帮礼. 2013. 探地雷达在深部煤巷围岩松动圈范围探测中的应用[J]. 建井技术, 34(4): 43-45.

国家安全生产监督管理局. 2016. 煤矿安全规程[Z]. 北京: 煤炭工业出版社.

国家煤矿安全监察局. 2018. 煤矿防治水细则[Z]. 北京: 煤炭工业出版社.

韩德品, 李丹, 程久龙, 等. 2010. 超前探测灾害性含导水地质构造的直流电法[J]. 煤炭学报, 35(4): 635-639.

韩浩亮, 高永涛, 胡乃联, 等. 2011. 可控源音频大地电磁法在金属矿山采空区探测中的应用研究[J]. 矿业研究与开发, 31(6): 19-23.

郝宇军, 邢楷, 刘江敏. 2017. 矿井 TEM 及钻孔激发极化法综合探测采空区水害技术研究[J]. 煤炭工程, 49(8): 92-95.

胡博. 2010. 矿井瞬变电磁场数值模拟的边界元法[D]. 北京: 中国矿业大学.

胡朝元, 邱杰. 2000. 利用三维地震资料解释煤层冲刷范围[J]. 中国煤田地质, 12(4): 63-65.

胡承林. 2011. 综合物探技术在煤矿采空区的应用研究[D]. 成都: 成都理工大学.

胡宏伶, 肖晓, 潘克家, 等. 2014. 基于局部加密等级网格的 2.5D 直流电法有限元模拟[J]. 中南大学学报(自然科学版), 45(7): 2259-2268.

胡建德, 阎述, 陈明生. 1997. 线电流源声频大地电磁测深的二维正演计算及响应特点[J]. 现代地质, 11(2): 203-210.

胡明顺, 潘冬明, 董守华, 等. 2012. 煤火区浅部松散煤体及采空区的探地雷达响应特征[J]. 物探与化探, 36(4): 598-602.

胡雄武. 2014. 巷道前方含水体的瞬变电磁响应及探测技术研究[D]. 淮南: 安徽理工大学.

胡运兵, 张宏敏, 吴燕清. 2008. 井下多波多分量地震反射法探测陷落柱的应用研究[J]. 矿业安全与环保, 35(3): 45-47.

胡运兵. 2010. 矿井地震反射超前法探测煤层冲刷带的应用[J]. 煤炭科学技术, 38(11): 116-119

虎维岳. 2005. 矿山水害防治理论与方法[M]. 北京: 煤炭工业出版社.

黄俊革, 王家林, 阮百尧. 2006. 坑道直流电阻率法超前探测研究[J]. 地球物理学报, 49(5): 1529-1538.

黄林军, 杨巍, 王彦军, 等. 2011. 模型正演技术在火山岩储层识别中的应用——以准噶尔盆地乌夏地区二叠系火山岩储层为例[J]. 天然气地球科学, 22(3): 539-542.

黄仁东, 刘敦文, 徐国元, 等. 2003. 探地雷达在厂坝铅锌矿采空区探测中的试验与应用[J]. 有色矿山, 32(6): 1-3.

黄芸, 梅玲, 关键, 等. 2013. 模型正演技术在准噶尔盆地东部地震解释中的应用[J]. 新疆石油地质, 33(5): 554-557.

黄真萍, 孙艳坤, 胡晓娟, 等. 2013. 深度转换因子对高密度电法反演成像的影响[J]. 工程地球物理学报, 10(4): 527-532.

黄真萍, 周成峰, 曹洁梅. 2012. 温纳装置探测孤石深度影响因素及其数值模拟研究[J]. 工程地质学报, 20(5): 800-808.

嵇艳鞠, 林君, 于生宝, 等. 2006. ATTEM 系统中电流关断期间瞬变电磁场响应求解的研究[J]. 地球物理学报, 49(6): 1884-1891.

蒋邦远. 1998. 实用近区磁源瞬变电磁法勘探[M]. 北京: 地质出版社.

蒋大青, 付志红, 侯兴哲, 等. 2012. 基于 Maxwell3D 瞬变电磁法三维正演研究[J]. 电测与仪表, 49(558): 29-32.

蒋大青. 2012. 瞬变电磁法全程正演模拟研究[D]. 重庆: 重庆大学.

介伟. 2015. 煤田小构造精细解释方法研究及应用[J]. 中国煤炭, 41(1): 35-38.

金聪, 刘江平. 2014. 二维高密度电阻率法数值模拟与应用[J]. 地质与勘探, 50(5): 984-989.

雷达. 2010. 起伏地形下 CSAMT 二维正反演研究与应用[J]. 地球物理学报, 53(4): 982-993.

李彬, 庹先国, 汪楷洋, 等. 2015. 高密度电法三电位电极系装置勘察适用性研究[J]. 煤田地质与勘探, 43(1): 86-90.

李冰. 2015. 直流电法超前探测技术在含水断层构造探测中的应用[J]. 煤炭技术, 34(3): 113-115.

李大心. 1994. 探地雷达方法与应用[M]. 北京: 地质出版社.

李飞, 刘德民, 张景钢, 等. 2014. 基于最小二乘的矿井电法超前探测联合反演方法研究[J]. 煤矿安全, 45(6): 41-44.

李国才, 徐亚昆, 赵振廷, 等. 2013. 基于 Maxwell 的瞬变电磁"8"字形发射线圈仿真分析[J]. 科学技术与工程, 13(35): 10481-10484.

李宏杰, 董文敏, 杨新亮, 等. 2014. 井上下立体综合探测技术在煤矿水害防治中的应用[J]. 煤矿开采, 19(1): 98-102.

李洪嘉. 2014. 综合物探技术在煤矿采空区探测中的应用研究[D]. 长春: 吉林大学.

李惠云, 赵玉辉. 2014. 矿井偶极瞬变电磁技术的应用效果与改进[J]. 中国煤炭, 40(5): 37-40.

李建慧, 朱自强, 曾思红, 等. 2012. 瞬变电磁法正演计算进展地[J]. 球物理学进展, 27(4): 1393-1400.

李建慧, 朱自强, 鲁光银, 等. 2013. 回线源瞬变电磁法的三维正演研究[J]. 地球物理学进展, 28(2): 754-765.

李江华, 刘超林, 柳杰, 等. 2013. 可控源音频大地电磁法在采空区勘探中的应用[J]. 中国煤炭, 39(1): 40-43.

李金铭. 2007. 地电场与电法勘探[M]. 北京: 地质出版社.

李竞生. 1997. 华北型煤田水害防治技术进展[J]. 煤炭学报, 22(S): 98-102.

李六江. 2013. 城市道路地下空洞探测的探地雷达技术探讨[J]. 科技咨询, (15): 45-46.

李美梅. 2010. 高密度电阻率法正反演研究及应用[D]. 北京: 中国地质大学.

李敏瑞, 马锦辉. 2013. GPRMAX2D 在巷道质量检测中的应用[J]. 煤矿安全, 44(9): 166-168.

李萍. 2012. 煤矿井下综合物探超前探测技术与应用[J]. 煤田地质与勘探, 40(4): 75-78.

李艳芳, 程建远, 熊晓军, 等. 2011. 陷落柱三维地震正演模拟及对比分析[J]. 煤炭学报, 36(3): 456-460.

李有能. 2011. 综合物探方法在东都煤田采空区中的应用[J]. 工程地球物理学报, 8(3): 358-361.

李玉宝. 2002. 矿井电法超前探测技术[J]. 煤炭科学技术, 30(2): 1-3.

李兆祥. 2003. 雷达探测技术在井巷工程中的应用[J]. 煤炭工程, (11): 51-52.

李志聘, 任树春. 1990. 电法勘探圈定煤层采空区边界及冒落带范围的地质效果[J]. 中国煤田地质, 2(1): 63-67.

梁建刚, 黄宁. 2008. 瞬变电磁法在山西陷落柱的应用研究[J]. 工程地球物理学报, 5(5): 579-583.

梁建刚. 2009. 瞬变电磁勘察煤田采空区的可行性分析[D]. 长沙: 中南大学.

梁庆华, 吴燕清, 宋劲, 等. 2014. 探地雷达在煤巷掘进中超前探测试验研究[J]. 煤炭科学技术, 42(5): 91-94.

梁庆华. 2012. 矿井全空间小线圈瞬变电磁探测技术及应用研究[D]. 长沙: 中南大学.

梁爽, 李志民. 2003. 瞬变电磁法在阳泉二矿探测积水采空区效果分析[J]. 煤田地质与勘探, 31(4): 49-51.

林昌洪, 谭捍东, 舒晴, 等. 2012. 可控源音频大地电磁三维共轭梯度反演研究[J]. 地球物理学报, 55(11): 3829-3839.

刘斌, 李术才, 李树忱, 等. 2012. 隧道含水构造电阻率法超前探测正演模拟与应用[J]. 吉林大学学报(地球科学版), 42(1): 247-254.

刘传孝, 杨永杰, 蒋金泉. 1998. 煤厚探测新方法——探地雷达技术[J]. 山西煤炭, 18(2): 23-26.

刘传孝. 2000. 探地雷达方法应用于煤矿井下断层探测[J]. 工程地质学报, 8(3): 361-363.

刘国强, 赵凌志, 蒋继娅. 2005. Ansoft 工程电磁场有限元分析[M]. 北京: 电子工业出版社.

刘海涛, 杨娜, 董哲, 等. 2011. 综合物探方法在煤矿采空区探测中的应用[J]. 工程地球物理学报, 8(3): 362-365.

刘鸿泉, 茹瑞典. 1986. 用浅层地震法探测浅部采空区及隐伏断层破碎带[J]. 煤炭科学技术, (6): 38-41.

刘建华, 彭向峰. 1996. 高分辨率地震技术探测采空区研究——以贾汪煤矿区为例[J]. 高校地质学报, 2(4): 453-457.

刘君, 陈强. 2004. 瞬变电磁法在山西探测陷落柱中的应用[J]. 科技情报开发与经济, 14(9): 301-302.

刘俊. 2013. 矿井瞬变电磁法视电阻率定义与关断效应理论研究[D]. 南昌: 东华理工大学.

刘盛东, 吴荣新, 张平松, 等. 2009. 三维并行电法勘探技术与矿井水害探查[J]. 煤炭学报, 34(7): 927-932.

刘树才, 刘鑫明, 姜志海, 等. 2009. 煤层底板导水裂隙演化规律的电法探测研究[J]. 岩石力学与工程学报, 28(2): 348-356.

刘树才, 岳建华, 李志聘. 1996. 矿井电测深理论曲线变化规律研究[J]. 中国矿业大学学报, 25(3): 101-105.

刘树才. 2005. 瞬变电磁法在煤矿采区水文勘探中的应用[J]. 中国矿业大学学报, 34(4): 414-417.

刘天放, 李志聘. 1993. 矿井地球物理勘探[M]. 北京: 煤炭工业出版社.

刘同彬. 2005. 良庄井田深部水文地质特征及工作面底板水情监测技术地研究[D]. 青岛: 山东科技大学.

刘亚军, 邱卫忠, 谷伟. 2013. 深部巷道瞬变电磁观测系统优化及其应用[J]. 中国煤炭, 39(2): 37-40.

刘云, 王绪本, 段长生. 2011. 大回线瞬变电磁正演模拟在工程实际中的应用[C]. 北京: 第十届中国国际地球电磁学术讨论会论文集.

刘忠远. 2011. 矿井地震超前探测技术在龙东矿的应用[J]. 中国煤炭地质, 23(1): 51-54.

柳建新, 曹创华, 郭荣文, 等. 2013. 不同装置下的高密度电法测深试验研究[J]. 工程勘察, (4): 85-89.

柳建新, 童孝忠, 郭荣文, 等. 2012. 大地电磁测深法勘探——资料处理、反演与解释[M]. 北京: 科学出版社.

柳建新, 张维, 曹创华, 等. 2014. 大定源瞬变电磁均匀层状介质正演计算[J]. 物探化探计算技术, 36(2): 129-133.

陆银龙. 2013. 渗流-应力耦合作用下岩石损伤破裂演化模型与煤层底板突水机理研究[D]. 北京: 中国矿业大学.

路军臣, 苏维涛, 张济怀. 2002. 瞬变电磁法在探测小窑采空区中的应用[J]. 河北煤炭, (02): 39-61.

路拓, 刘盛东, 王勃. 2015. 综合矿井物探技术在含水断层探测中的应用[J]. 地球物理学进展, 30(3): 1371-1375.

罗登贵, 刘江平, 王京, 等. 2014. 活动断层高密度电法响应特征与应用研究[J]. 地球物理学进展, 29(4): 1920-1925.

罗延钟, 孟永良. 1986. 关于用有限单元法对二维构造作电阻率法模拟的几个问题[J]. 地球物理学报, 29(6):

613-621.

吕晓春, 卢佳岚, 张付生, 等. 2011. 伊犁盆地二维地震多次反射波压制采集方法研究[J]. 石油天然气学报, 33(4): 61-66.

马炳镇, 李狄. 2013. 矿井直流电法超前探中巷道影响的数值模拟分析[J]. 煤田地质与勘探, 41(1): 78-82.

马明, 张广忠, 李刚, 等. 2016. 彬长矿区小庄矿井煤厚解释方法研究及应用[J]. 煤矿安全, 47(1): 181-184.

马志飞, 王祖平, 刘鸿福. 2009. 应用综合物探方法探测煤矿采空区[J]. 地质学报, 29(1): 118-121.

孟庆鑫, 潘和平, 牛峥. 2014. 大地介质影响下地-井瞬变电磁的正演模拟分析[J]. 中国矿业大学学报, 43(6): 1113-1119.

孟新富, 冯春龙, 查文锋. 2015. 最大炮检距对陷落柱探测的影响[J]. 煤矿安全, 46(3): 194-197.

苗宇宽, 郭景力. 2008. 探地雷达在城市道路地下空洞勘察中的应用[J]. 岩土工程界, 11(9): 85-89.

穆海杰, 王红兵. 2008. CSAMT 法在南水北调中线采空区探测中的应用[J]. 工程地球物理学报, 5(3): 321-325.

聂俊丽, 杨峰, 彭苏萍, 等. 2013. 补连塔矿 12406 工作面浅部地层结构探地雷达探测研究[J]. 煤炭工程, (8): 75-78.

牛之琏. 1992. 时间域电磁法原理[M]. 长沙: 中南工业大学出版社.

牛之琏, 等. 1987. 脉冲瞬变电磁法及应用[M]. 长沙: 中南工业大学出版社.

欧阳永永, 熊章强, 张大洲. 2011. 基于不同装置的二维高密度电法勘探效果比较与分析[J]. 世界地质, 30(3): 451-458.

潘西平, 贾智鹏, 扬双安. 2005. 综合物探勘查陷落柱及充水性的应用研究[J]. 山西建筑, 31(7): 79-80.

裴文春, 王德民, 程增庆, 等. 2007. 三维地震资料解释技术分析煤层冲刷及采空区[J]. 煤炭科学技术, 35(8): 32-34.

朴化荣. 1990. 电磁测深法原理[M]. 北京: 地质出版社.

齐承霞. 2014. 煤层超前探测中的探地雷达信号处理[D]. 西安: 西安科技大学.

齐宪秀, 张义平, 杨玉蕊, 等. 2012. 高密度电法技术在煤矿水患探测中的应用[J]. 科学技术与工程, 12(26): 6759-6762.

强建科, 罗延钟, 汤井田, 等. 2012. 航空瞬变电磁法关断电流斜坡响应的计算[J]. 地球物理学进展, 27(1): 105-112.

邱美成, 柳汉丰, 曾斌. 2016. 超高密度电法在巷道超前探应用研究[J]. 内蒙古煤炭经济, (15): 117-118.

邱长凯, 殷长春, 刘云鹤, 等. 2018. 任意各向异性介质中三维可控源音频大地电磁正演模拟[J]. 地球物理学报, 61(8): 3488-3498.

阮百尧, 邓小康, 刘海飞, 等. 2009. 坑道直流电阻率超前聚焦探测新方法研究[J]. 地球物理学报, 52(1): 289-296.

邵雁, 邓春为, 孙胜利, 等. 2007. 综合物探技术在煤矿岩巷掘进超前探测岩溶中的应用[J]. 矿业安全与环保, 34(S): 25-29.

邵振鲁, 王德明, 王雁鸣. 2013. 高密度电法探测煤火的模拟及应用研究[J]. 采矿与安全工程学报, 30(3): 468-474.

师素珍, 李赋斌, 梁平, 等. 2011. 多测井约束反演在煤层厚度定量预测中的应用[J]. 采矿与安全工程学报, 28(2): 328-332.

石刚, 屈战辉, 唐汉平, 等. 2012. 探地雷达技术在煤矿采空区探测中的应用[J]. 煤田地质与勘探, 40(5): 82-85.

石君华. 2012. 综合物探技术在山西某整合矿井的应用[J]. 中国煤炭地质, 24(10): 42-47.

石学峰. 2016. 矿井直流电法超前探测影响因素数值模拟[J]. 煤炭技术, 35(11): 122-124.

宋劲, 吴燕清, 胡运兵, 等. 2007. 探地雷达在煤巷超前探测中的应用[J]. 矿业安全与环保, 34(1): 37-41.

宋劲. 2005. 探地雷达煤矿井下探测技术的研究[D]. 重庆: 煤炭科学研究总院重庆分院.

宋吾军, 王雁鸣, 邵振鲁. 2016. 高密度电法与磁法探测煤田火区的数值模拟[J]. 煤炭学报, 41(4): 899-908.

宋玉龙, 邱浩, 程久龙, 等. 2013. CSAMT 法在煤矿采空区探测中的应用[J]. 煤矿安全, 44(2): 142-144.

苏超, 郭恒, 候彦威, 等. 2018. CSAMT 静态校正及其在煤矿采空区探测的应用[J]. 煤田地质与勘探, 46(4): 168-173.

苏朱刘, 胡文宝. 2002. 中心回线方式瞬变电磁测深虚拟全区视电阻率和一维反演方法[J]. 石油物探, 41(2): 216-221.

孙天财, 付志红, 谢品芳. 2008. 斜阶跃场源关断时间对测量结果的影响及校正研究[J]. 工程地球物理学报, 5(3): 287-293.

孙玉国, 谭代明. 2010. 全空间效应下瞬变电磁法三维数值模拟[J]. 铁道工程学报, (3): 76-80.

孙渊, 张良, 朱军, 等. 2008. 地震属性参数在煤层厚度预测中的应用[J]. 煤田地质与勘探, 36(2): 58-60.

孙忠辉, 刘金坤, 张新平, 等. 2013. 基于 MprMax 的隧道衬砌探地雷达检测正演模拟与实测数据分析[J]. 工程地球物理学报, 10(5): 730-736

谭捍东, 余钦范. 2003. 大地电磁法三维交错采样有限差分数值模拟[J]. 地球物理学报, 46(5): 705-711.

汤井田, 任政勇, 周聪, 等. 2015. 浅部频率域电磁勘探方法综述[J]. 地球物理学报, 58(8): 2681-2705.

陶连金, 魏光远, 韦宏鹄, 等. 2008. 探地雷达在矿井塌方空洞及松动区检测中的应用[J]. 岩土工程界, 11(7): 63-87.

田劼, 韩光, 吴钰晶, 等. 2006. 矿井独头巷道掘进超前探测技术现状[J]. 煤炭科学技术, 34(8): 17-19.

王爱国, 马巍, 王大雁. 2007. 高密度电法不同电极排列方式的探测效果对比[J]. 工程勘察, (1): 72-75.

王超凡, 赵永贵, 靳洪晓, 等. 1998. 地震 CT 及其在采空区探测中的应用[J]. 地球物理学报, 41(S): 367-375.

王琛, 陆占国, 王卿. 2011. 复杂介质中探地雷达空洞探测数据处理和解释方法研究[J]. 勘察科学技术, (4): 19-21.

王大伟. 2011. 断层处地震波传播的动力学研究[D]. 青岛: 中国海洋大学.

王东伟, 刘志新, 武俊文, 等. 2011. 矿井瞬变电磁法在巷道迎头超前探测中的应用[J]. 工程地球物理学报, 8(4): 403-407.

王桂梁, 琚宜文, 郑孟林. 2007. 中国北部能源盆地构造[M]. 徐州: 中国矿业大学出版社.

王桂梁, 徐凤银. 1993. 矿井构造预测[M]. 北京: 煤炭工业出版社.

王华军, 罗延钟. 2003. 中心回线瞬变电磁法 2.5 维有限单元算法[J]. 地球物理学报, 46(6): 855-862.

王桦, 程桦, 荣传新. 2008. 基于高密度电阻率法的松动圈测试技术研究[J]. 煤炭科学技术, 36(3): 53-57.

王怀秀, 彭苏萍, 朱国维. 2003. 微型检波一体化三分量地震仪及其应用[J]. 煤田地质与勘探, 31(3): 45-48.

王怀秀, 朱国维, 彭苏萍, 等. 2006. 基于双 CPU 的矿用多波地震仪主机的研制[J]. 煤炭学报, 31(S): 42-46.

王怀秀, 朱国维, 彭苏萍. 2007. 基于 RS-485 总线的分布式多波地震仪的研制[A]. 计算机技术与应用进展——全国计算机技术与应用.

王菁. 2012. 基于地震属性的煤层冲刷带分析[D]. 太原: 太原理工大学.

王连成, 高克德, 李大洪, 等. 1997. 探地雷达探测掘进工作面前方瓦斯突出构造[J]. 煤炭科学技术, 25(11): 13-16.

王连成, 高克德, 朱敏, 等. 1997. 用探地雷达控探测采区煤厚[J]. 煤炭工程师, (5): 44-45.

王林中, 刘子港. 2014. 西曲矿风氧化带下煤层安全开采技术研究[J]. 山西焦煤科技, (1): 8-9.

王明生. 2010. 论隧道施工中超前地质预报技术的应用[J]. 科技情报开发与经济, 20(1): 151-153.

王强, 胡向志, 张兴平. 2001. 利用综合物探技术确定煤矿老窑采空区、陷落柱及断层的赋水性[J]. 中国煤炭, 27(5): 29-30.

王强. 2001. 京西煤田煤层赋存特征及成因分析[J]. 煤炭技术, 20(5): 46-50.

王士鹏. 2000. 高密度电法在水文地质和工程地质中的应用[J]. 水文地质工程地质, (01): 52-56.

王树威. 2012. 小煤窑采空区综合探测技术的应用研究[D]. 西安: 西安科技大学.

王文龙. 1999. 孔中电磁波透视在煤窑采空区勘探中的应用实例[J]. 物探与化探, 23(4): 314-316.

王锡文, 秦广胜, 赵卫锋, 等. 2012. 正演模拟技术在地震采集设计中的应用[J]. 地球物理学进展, , 27(2): 642-650.

王显祥, 王光杰, 闫永利, 等. 2012. 三维可视化在 CSAMT 勘探中的应用[J]. 地球物理学进展, 27(1): 296-303.

王信文. 2007. 直流电法超前勘探资料处理技术[C]. 安全高效煤矿地质保障技术及应用—中国地质学会、中国煤炭学会煤田地质专业委员会、中国煤炭工业劳动保护科学技术学会水害防治专业委员会学术年会文集: 399-404.

王扬州, 于景邨, 刘建, 等. 2009. 瞬变电磁法矿井超前探测[J]. 工程地球物理学报, 6(1): 28-32.

王耀, 王桂梅, 周结, 等. 2017. 煤矿常见灾害性地质异常体地震正演研究[J]. 地下空间与工程学报, 13(1): 236-241.

卫红学, 查文锋, 冯春龙. 2014. 采空区上地震时间剖面的特征分析[J]. 地球物理学进展, 29(4): 1808-1814.

吴成平, 胡祥云. 2007. 采空区的物探勘查方法[J]. 地质找矿论丛, 22(1): 19-23.

吴荣新, 肖玉林, 张平松. 2013. 坑透和并行电法探查大面宽综采工作面地质异常探讨[J]. 中国煤炭地质, 25(4): 63-67.

吴荣新, 张平松, 刘盛东. 2009. 双巷网络并行电法探测工作面内薄煤区范围[J]. 岩石力学与工程学报, 28(9): 1834-1838.

吴奕峰, 孟凡彬. 2010. 利用地震属性预测煤层厚度及古河流冲刷带的方法[J]. 中国煤炭地质, 22(10): 52-56.

吴昭. 2014. 综合地球物理方法在矿井超前探水中的应用[D]. 北京: 中国矿业大学.

肖乐乐, 魏久传, 牛超, 等. 2015. 掘进巷道构造富水性电法探测综合应用研究[J]. 煤矿开采, 20(3): 21-24.

解海军. 2009. 煤矿积水采空区瞬变电磁法探测技术研究[D]. 北京: 中国地质大学.

谢磊磊, 蒋甫玉, 常文凯. 2015. 基于 Tesseral2D 的水下砂体地震正演计算[J]. 河海大学学报(自然科学版), 43(4): 351-355.

熊彬. 2005. 关于瞬变电磁法 2.5 维正演中的几个问题[J]. 物探化探计算技术, 2(28): 124-128.

熊彬, 罗延钟. 2006. 电导率分块均匀的瞬变电磁 2.5 维有限元数值模拟[J]. 地球物理学报, 49(2): 590-597.

熊家勤. 2012. 瞬变电磁法在探测宏石煤矿采空区中的应用[J]. 中国煤炭地质, 24(10): 52-56.

熊治涛, 唐新功. 2017. 无限长源二维各向异性地层中 CSAMT 有限元模拟[J]. 地球物理学, 60(5): 1937-1945.

徐涵洵, 张和生, 卫红学. 2015. 陷落柱柱体结构的地震波场分析[J]. 煤矿安全, 46(3): 186-189.

徐佳, 朱鲁, 翟培合, 等. 2014. 三维电法超前探在巷道掘进水害防治中的应用[J]. 煤炭技术, 33(12): 58-61.

徐凯军, 李桐林. 2004. 时域瞬变场电磁场有限差分法[J]. 世界地质, 23(3): 301-305.

徐世浙. 1994. 地球物理中的有限单元法[M]. 北京: 科学出版社.

徐萱. 1994. 甚低频电磁法在隐伏采空区勘察中的应用[J]. 河北地质学院学报, 17(3): 252-260.

薛国强, 宋建平, 等. 2004. 瞬变电磁探测地下洞体的可行性分析[J]. 石油大学学报(自然科学版), 28(5): 135-138.

闫立辉. 2013. 综合物探方法在六道湾煤矿采空塌陷区的应用[D]. 北京: 中国地质大学.

闫长斌, 徐国元, 等. 2005. 综合物探方法及其在复杂群采空区探测中的应用[J]. 湖南科技大学学报(自然科学版), 20(3): 10-14.

晏冲为, 李文尧. 2012. 均匀半空间中心回线瞬变电磁法正演研究[J]. 科学技术与工程, 12(9): 2128-2131.

杨本水, 段文进. 2003. 风氧化带内煤层安全开采关键技术的研究[J]. 煤炭学报, 28(6): 608-612.

杨德鹏, 翟培合, 邢子浩, 等. 2014. 井下三维高密度电法超前探测技术在煤矿的应用[J]. 煤炭技术, 33(12): 71-74.

杨德义, 王赟, 王辉. 2000. 陷落柱的绕射波[J]. 石油物探, 39(4): 82-86.

杨峰, 彭苏萍. 2006. 探地雷达技术探测矿井近隐患源新方法[C]. 煤矿安全与地球物理学术研讨会论文集.

杨海燕, 岳建华. 2008. 瞬变电磁法中关断电流的响应计算与校正方法研究[J]. 地球物理学进展, 23(6): 1947-1952.

杨华忠, 胡雄武, 张平松. 2013. 井巷直流电法三维超前探测数值模拟[J]. 工程地球物理学报, 10(2): 200-204.

杨立彪. 2012. 运用矿井探地雷达探测汾西矿区的异常地质构造[J]. 矿业安全与环保, 39(5): 83-85.

杨树流. 2009. 综合物探方法在大宝山矿采空区勘察中的应用效果探讨[J]. 工程地球物理学报, 6(2): 204-207.

杨思通, 程久龙. 2010. 煤巷地震超前探测数值模拟及波场特征研究[J]. 煤炭学报, 35(10): 1633-1636.

杨晓东, 杨德义. 2010. 煤田陷落柱特殊波对陷落柱解释的影响[J]. 物探与化探, 34(5): 627-631.

杨永杰, 刘传孝, 张永双. 1999. 杨庄矿"一号陷落柱"的探地雷达探测及分析[J]. 中国地质灾害与防治学报, 10(3): 83-88.

杨云见, 王绪本, 何展翔. 2005. 考虑关断时间效应的瞬变电磁一维反演[J]. 物探与化探, 29(3): 234-236.

杨占龙, 陈启林, 郭精义, 等. 2005. 模型正演与地震资料品质分析——以吐哈盆地葡北地区为例[J]. 天然气地球科学, 16(5): 641-645.

杨振威, 李晓斌, 赵秋芳, 等. 2015. 煤矿陷落柱探测的井下综合物探方法研究[J]. 河南理工大学学报(自然科学版), 34(4): 344-349.

杨振威, 吕庆田, 凌标灿, 等. 2011. 瞬变电磁法在探测底板赋水性中的应用[J]. 辽宁工程技术大学学报(自然科学版), 30(4): 518-521.

于国明, 李静, 韩革命. 2003. 综合物探方法在深部煤层采空区检测的应用研究[J]. 陕西地质, 21(2): 62-69.

于景邨, 李志聃. 1997. 高分辨率三极电测深法探测煤矿突水构造[J]. 煤田地质与勘探, 25(5): 38-42.

于景邨, 刘志新, 汤金云, 等. 2007. 用瞬变电磁法探查综放工作面顶板水体的研究[J]. 中国矿业大学学报, 4(36): 542-546.

于景邨. 1999. 矿井瞬变电磁理论与应用技术研究[D]. 北京: 中国矿业大学.

于善帅. 2016. 煤矿掘进工作面电法超前探测技术应用[J]. 江西煤炭科技, (3): 39-42.

于生宝, 林君. 1999. 瞬变电磁法中发射机关断时间的影响研究[J]. 石油仪器, 13(6): 15-17.

余金煌, 陶月赞. 2014. 高密度电法探测水下抛石体正反演模拟研究[J]. 合肥工业大学学报(自然科学版), 37(3): 333-338.

俞林刚. 2013. 瞬变电磁早期信号处理技术研究[D]. 重庆: 重庆大学.

袁德铸. 2016. 矿井综合物探技术在隐伏含水构造超前探测中的应用[J]. 矿业安全与环保, 43(4): 68-71.

占文锋. 2017. 基于FDTD的矿井异常体探地雷达图像正演模拟分析[C]. 中国煤炭学会矿井地质专业委员会成立三十五周年暨中国煤炭学会矿井地质专业委员会2017年学术论坛论文集.

占文锋. 2018. 矿井地质异常体多场联合探测技术体系及实践分析[J]. 中国煤炭地质, 30(9): 62-66.

占文锋, 王强. 2016. 回采工作面内煤层风氧化带综合探测技术[C]. 中国煤炭学会矿井地质专业委员会2016年学术论坛论文集.

占文锋, 王强, 牛学超. 2010. 采空区矿井瞬变电磁法探测技术[J]. 煤炭科学技术, 38(8): 115-117.

占文锋, 武玉梁, 李文. 2018. 矿井直流电法全空间电场分布数值模拟及影响因素[J]. 煤田地质与勘探, 46(1): 139-147.

张成乾, 吴荣新, 杨伐, 等. 2015. 直流电法超前探测技术在巷道掘进中的应用与研究[J]. 勘察科学技术, (5): 61-64.

张纯杰. 2013. 探地雷达用于煤矿井下探测分析研究[D]. 哈尔滨: 黑龙江科技大学.

张德辉, 朱帝杰. 2015. 利用综合物探法精准探测弓长岭露天矿采空区[J]. 金属矿山, (10): 163-167.

张刚艳, 张华兴, 刘鸿泉. 2002. EH4 电导率成像系统在煤矿采空区探测中的应用研究[A]. 第六届全国矿山测量学术讨论会论文集.

张华, 潘冬明. 2006. 探地雷达在探测煤矿采空区的应用[J]. 能源技术与管理, (4): 6-8.

张开元, 韩自豪, 周韬. 2007. 瞬变电磁法在探测煤矿采空区中的应用[J]. 工程地球物理学报, 4(4): 341-344.

张克聪, 张永超, 李宏杰, 等. 2016. 高分辨率 CSAMT 探测浅埋煤层采空区应用研究[J]. 中国煤炭, 42(7): 24-28.

张丽红, 师素珍, 李赋斌, 等. 2010. 利用合成地震波振幅预测煤层厚度及其方法研究[J]. 湖南科技大学学报(自然科学版), 25(3): 12-14.

张连福, 龚世龙. 2003. 陷落柱的探查与综合治理实践[J]. 煤田地质与勘探, 31(6): 32-34.

张平松, 胡雄武. 2015. 矿井巷道电磁法超前探测技术的研究现状[J]. 煤炭科学技术, 43(1): 112-115, 119.

张晓峰. 2011. 瞬变电磁法探测煤田采空区的应用研究[D]. 西安: 长安大学.

张兴磊, 夏建军, 刘增强. 2001. 探地雷达在探测浅部采空区指导注浆中的应用[J]. 煤炭科学技术, 29(8): 13-15.

张耀平, 董陇军, 袁海平. 2011. 新型探地雷达设备在采空区覆盖层厚度探测中的应用[J]. 中国矿业, 20(4): 114-118.

张永超, 程辉, 张克聪, 等. 2016. CSAMT 探测大采深急倾斜煤层采空区研究[J]. 地球物理学进展, 31(2): 0877-0881

张运霞, 牛向东, 韩自豪, 等. 2004. 瞬变电磁法在矿井水害治理工作中的应用[J]. 工程地球物理学报, 1(5): 418-423.

张长明, 刘英, 刘耀宁. 2012. 综合物探技术在矿井工作面底板岩层含水性探测中的应用[J]. 中国煤炭, 38(9): 28-31.

张兆桥, 郭伟红, 刘恋. 2016. 复杂地质模型的 CSAMT 二维正演异常研究[J]. 煤炭技术, 35(6): 119-121.

赵博. 2010. Ansoft12 在工程电磁场中的应用[M]. 北京: 中国水利水电出版社.

赵峰, 周斌, 武永胜. 2012. 探地雷达在隧道衬砌空洞检测中的正演模拟应用研究[J]. 铁道建筑, (8): 99-104.

赵海涛, 刘丽华, 吴凯, 等. 2013. 恒压钳位高速关断瞬变电磁发射系统[J]. 仪器仪表学报, 34(4): 803-809.

赵建红, 郭志磊, 梁彦军. 2007. 探测陷落柱范围及性质的几种方法[J]. 煤炭技术, 26(3): 66-67.

赵晶. 2013. 矿井瞬变电磁重叠回线耦合响应三维正演模拟[J]. 煤矿开采, 18(3): 17-22.

赵丽瑰. 2011. 地震与地电场超前探测联合反演试验研究[D]. 北京: 中国矿业大学.

郑文红. 2013. 含水煤岩变形破坏电荷感应规律的试验研究[D]. 阜新: 辽宁工程技术大学.

郑智杰, 曾洁, 甘伏平. 2016. 装置和电极距对岩溶管道高密度电法响应特征的影响研究[J]. 水文地质工程地质, 43(5): 161-166.

郑智杰. 2018. 地形起伏对高密度电法探测地下岩溶管道的影响试验研究[J]. 工程地质学报, 25(1): 230-236.

钟苏美, 林昌洪, 谢裕春. 2018. 起伏地形下可控源音频大地电磁三维数值模拟[J]. 现代地质, 32(2): 398-405.

周大永, 陈健, 李长作. 2018. 微测井电法在地下连续墙渗漏检测中的应用研究[J]. 施工技术, 47(3): 96-100.

周逢道, 林君, 周国华, 等. 2006. 浅海底瞬变电磁探测系统关断沿影响因素研究[J]. 电波科学学报, 21(4): 532-536.

周嗣辉, 于景邨, 蒋宗霖. 2014. 矿井瞬变电磁法三维可视化探测陷落柱应用研究[J]. 中国煤炭, 40(4): 45-48.

周先胜, 昌修林. 2006. 瞬变电磁法在矿井水文探测中的应用[J]. 煤矿现代化, (3): 63-66.

周小龙. 2017. 潘二矿 12223 工作面底板太灰水害综合探查与解释[D]. 淮南: 安徽理工大学.

周义军, 熊玉萍. 2008. 模型正演技术在鄂托克前旗地区的应用[J]. 石油物探, 47(2): 161-168.

朱光明, 李桂花, 程建远. 2008. 煤矿巷道内地震勘探的数值模拟[J]. 煤炭学报, 33(11): 1163-1267.

朱国维, 王怀秀, 彭苏萍. 2006. 新型智能三分量地震检波器的研制与应用[J]. 煤炭学报, 31(S): 5-10

朱红娟. 2015. 三维地震属性解释技术在巷道探测中的应用[J]. 煤田地质与勘探, 43(4): 90-93.

朱紫祥, 胡俊杰. 2017. 高密度电法在岩溶地区溶洞勘查中的应用[J]. 工程地球物理学报, 14(3): 290-293

宗志刚. 2006. 地震勘探方法在探测煤矿采空区中的应用研究[D]. 北京: 中国地质大学.

Coggon J H. 1971. Electromagnetic and electrical modeling by the finite element method[J]. Geophysics, 36(1): 132-145.

Giannopoulos A. 1997. The investigation of transmission-line matrix and finite-difference time-domain methods for the forward problem of ground probing radar[D]. York: University of York.

Goldstein M A, Strangway D W. 1975. Audio-frequency mage-totellurics with grounded electric dipole source[J]. Geophysics, 40(4): 669-683.

Mcmechan G A, Loucks R G, Zeng X X, et al. 1998. Ground penetrating radar imaging of a collapsed paleo cave system in the Ellen burger dolomite, central Texas [J]. Journal of Applied Geophysics, 39(1): 1-10.

Yee K S. 1966. Numerical solution of initial boundary value problems sinvolving Maxwell's equations in isotropic media[J]. IEEE Transactions on Antennas and Propagation, 14(3): 302-307.

附　　录

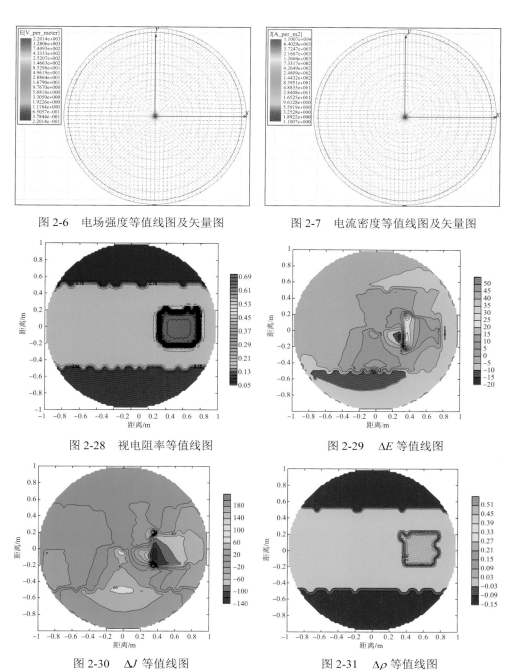

图 2-6　电场强度等值线图及矢量图　　　　图 2-7　电流密度等值线图及矢量图

图 2-28　视电阻率等值线图　　　　图 2-29　ΔE 等值线图

图 2-30　ΔJ 等值线图　　　　图 2-31　$\Delta \rho$ 等值线图

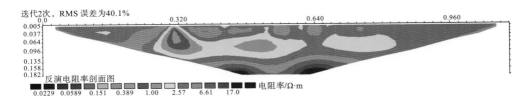

(a)温纳 α 装置

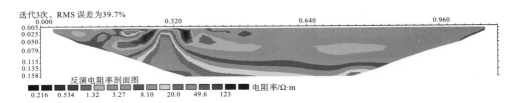

(b)施伦贝谢尔装置

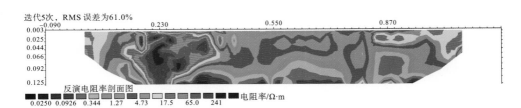

(c)偶极装置

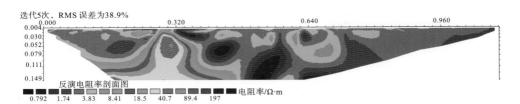

(d)A 三极装置

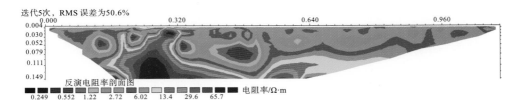

(e)B 三极装置

图 3-5　不同装置实测、计算、反演视电阻率剖面图

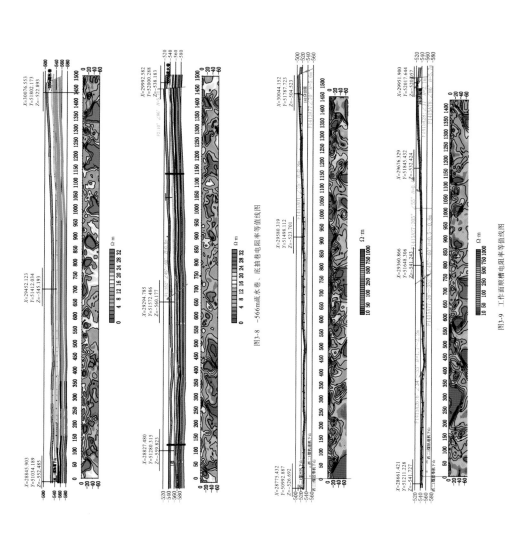

图3-8　-566m疏水巷、底抽巷电阻率等值线图

图3-9　工作面顺槽电阻率等值线图

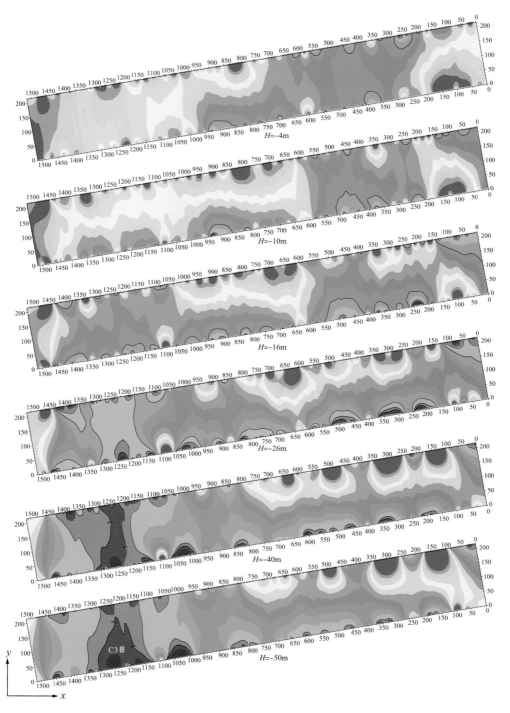

图 3-10 不同深度三维电法切片图

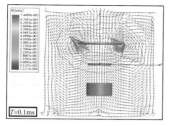 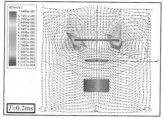 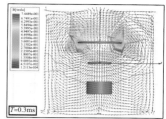

(a)电流上升阶段

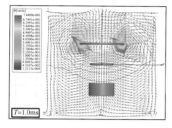 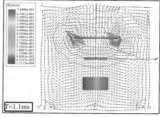 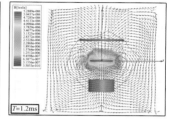

(b)电流下降阶段

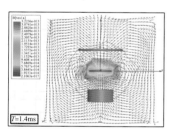 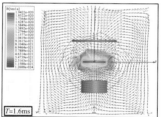 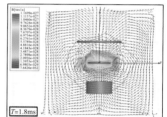

(c)电流关断阶段

图 4-7　不同时刻磁感应强度等值线和方向矢量图

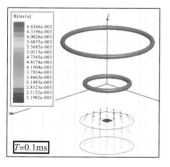 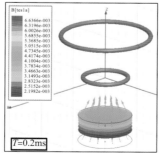 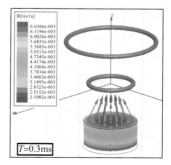

(a)电流上升阶段

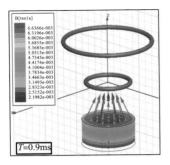
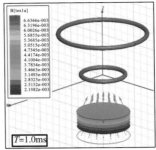
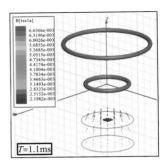

(b) 电流.下降阶段

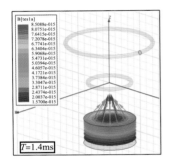
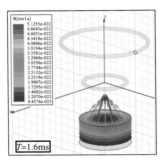
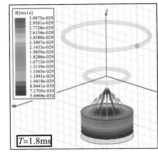

(c) 电流关断阶段

图 4-8　不同时刻低阻异常体磁感应强度等值线和方向矢量图

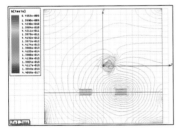
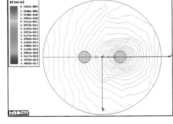
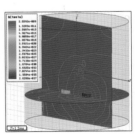

(a) YZ 平面(X=0)　　　　　　(b) XY 平面(Z=230mm)　　　　　　(c) 全空间

图 4-17　1.2ms 时二次场空间分布图

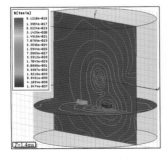
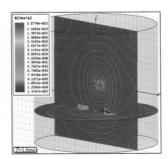
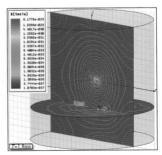

图 4-18　1.4ms、1.6ms、1.8ms 时二次场空间分布图

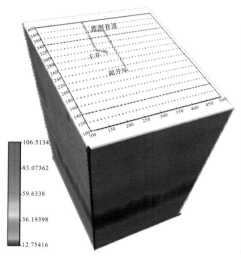

图 4-37 部分测区概况与施工设计图

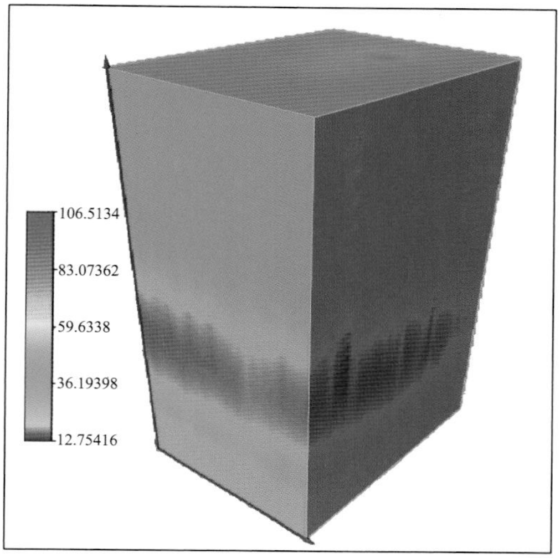

图 4-41 反演电阻率体视图

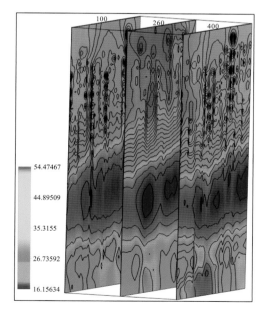

图 4-42 电阻率垂向切片图

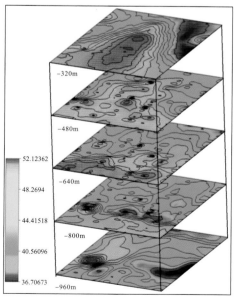

图 4-43 电阻率不同深度切片图

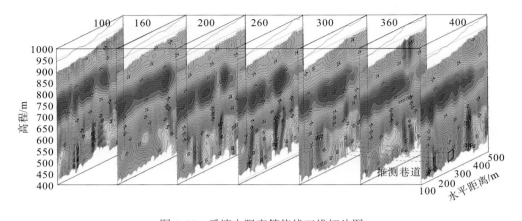

图 4-44   反演电阻率等值线三维切片图

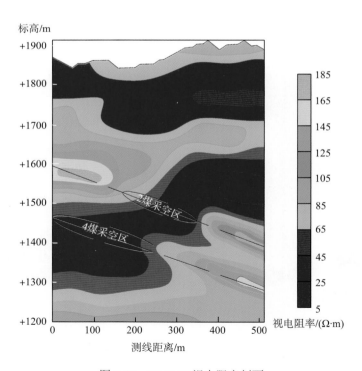

图 5-15   CSAMT 视电阻率剖面

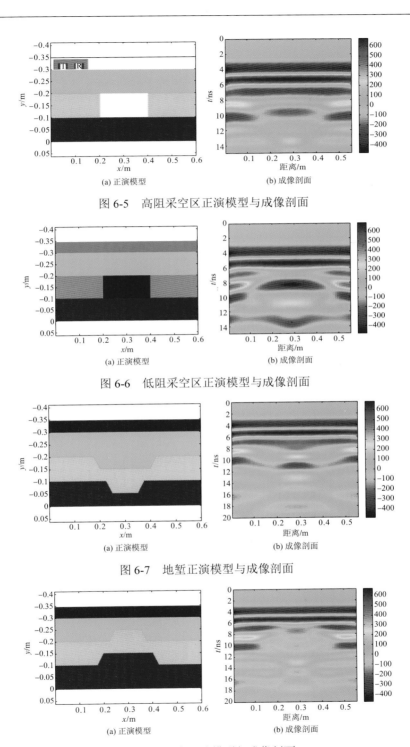

(a) 正演模型　　　(b) 成像剖面

图 6-5　高阻采空区正演模型与成像剖面

(a) 正演模型　　　(b) 成像剖面

图 6-6　低阻采空区正演模型与成像剖面

(a) 正演模型　　　(b) 成像剖面

图 6-7　地堑正演模型与成像剖面

(a) 正演模型　　　(b) 成像剖面

图 6-8　地垒正演模型与成像剖面

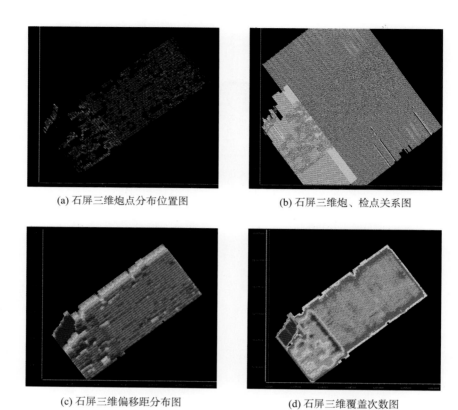

(a) 石屏三维炮点分布位置图　　　　　　　(b) 石屏三维炮、检点关系图

(c) 石屏三维偏移距分布图　　　　　　　(d) 石屏三维覆盖次数图

图 7-6　　石屏三维观测系统定义及 QC

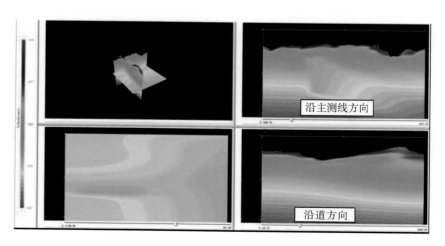

图 7-10　　三维层析成像反演速度模型

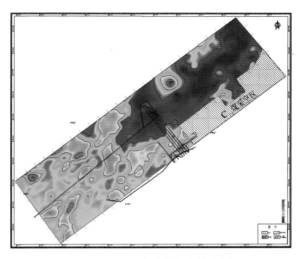

图 7-28 C_{13} 煤厚度变化趋势图

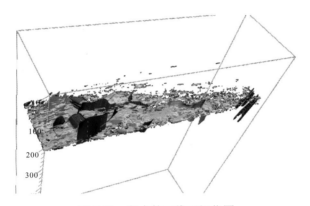

图 7-29 断点的三维可视化图

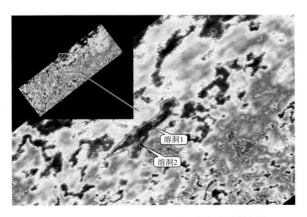

图 7-37 C_{25} 煤向下 30m 均方根振幅属性图

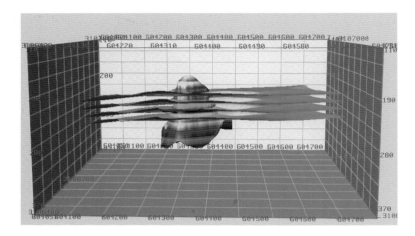

图 7-40　陷落柱的三维立体显示图

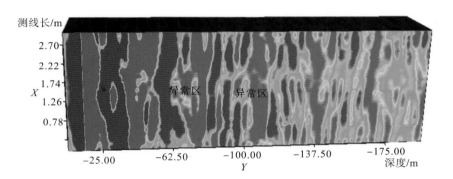

图 7-48　迎头地震三维数据体全视图

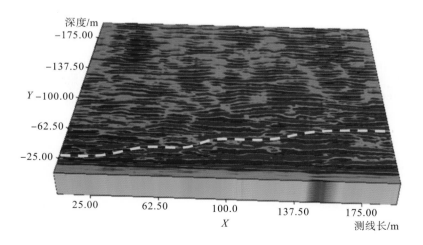

图 7-50　侧帮地震三维数据体全视图

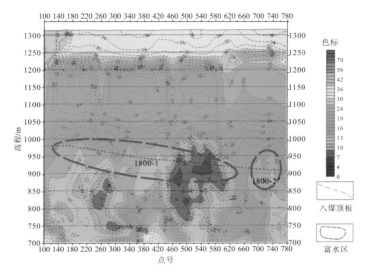

图 8-6　1800 线综合剖面线图

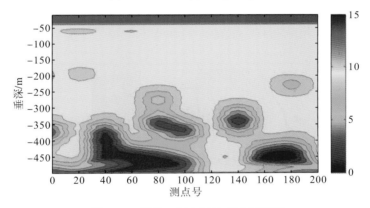

图 8-10　测线 4 探水雷达反演剖面图

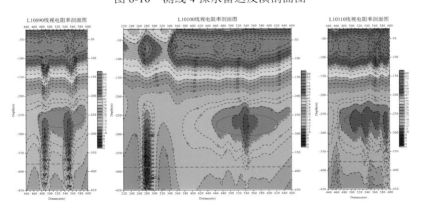

图 8-14　L10090 测线、L10100 测线、L10110 测线视电阻率等值线剖面图

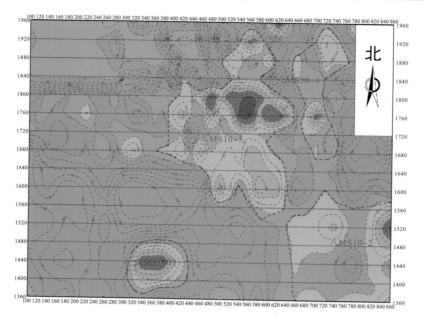

图 8-15　八 MS10 顺层切片富水区分布示意图

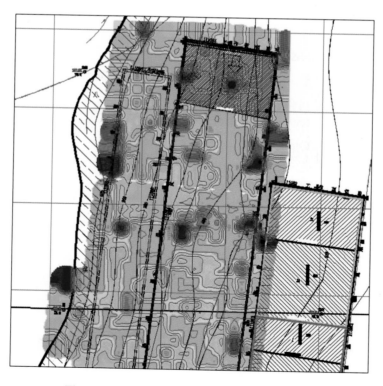

图 8-18　探深 350m 探水雷达(煤上 30m)平面图

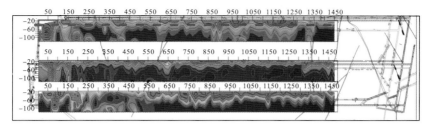

图 8-29 工作面轨道顺槽、运输顺槽与巷道底板垂直方向视电阻率等值线图

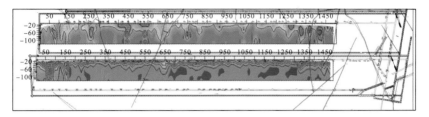

图 8-30 工作面底抽巷、−565m 疏水巷水平方向视电阻率等值线图

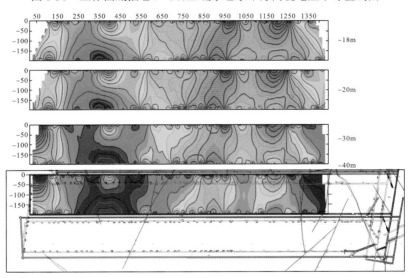

图 8-31 瞬变电磁法不同深度切片

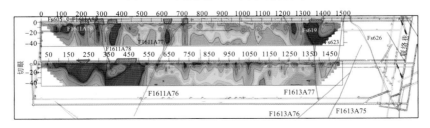

图 8-32 运输顺槽、轨道顺槽视电阻率等值线图

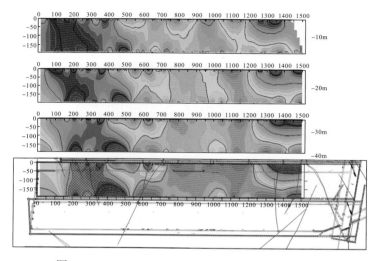

图 8-33　−10m、−20m、−30m、−40m 不同深度切片

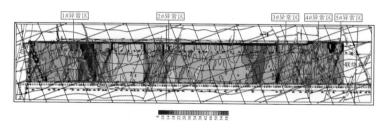

图 8-35　无线电波透视实测场强分布图

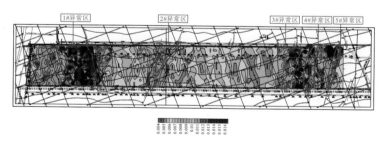

图 8-36　无线电波透视吸收系数 CT 成像图

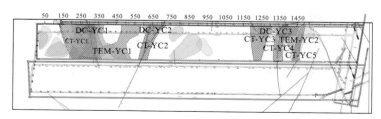

图 8-40　瞬变电磁法、直流电法、无线电波透视法、槽波勘探法异常区叠加示意图